物理科学馆

〔韩〕严振仁 著　〔韩〕洪正敏等 绘　王苏萍等 译

华夏出版社
HUAXIA PUBLISHING HOUSE

图书在版编目（CIP）数据

物理科学馆 / (韩) 严振仁著；王苏萍等译. —北京：华夏出版社, 2016.1
（图画科学馆）
ISBN 978-7-5080-8680-4

Ⅰ.①物… Ⅱ.①严… ②王… Ⅲ.①物理学 – 少儿读物 Ⅳ.①04–49

中国版本图书馆CIP数据核字(2015)第288077号

物理科学馆

作　　者　[韩]严振仁
绘　　画　[韩]洪正敏 等
译　　者　王苏萍 等
责任编辑　陈　迪　王占刚

出版发行　华夏出版社
经　　销　新华书店
印　　刷　永清县晔盛亚胶印有限公司
装　　订　永清县晔盛亚胶印有限公司
版　　次　2016年1月北京第1版
　　　　　2016年1月北京第1次印刷
开　　本　710×1000　1/16开
印　　张　22
字　　数　105千字
定　　价　58.00元

华夏出版社 网址：www.hxph.com.cn 地址：北京市东直门外香河园北里4号 邮编：100028
若发现本版图书有印装质量问题，请与我社营销中心联系调换。电话：（010）64663331（转）

我是书的小主人

姓名 ···

年级 ···

写给小朋友的一封信

嗨，小朋友！

你好！

你是不是也和我一样，一直梦想着当一名科学家呢？你是不是看到生活中的许多现象都不理解，比如说，为什么船能浮在水面上不沉下去？为什么到了冬天水会结成冰？为什么我们长得像爸爸妈妈？为什么我们吃饭的时候挑食不好？这些知识我们怎么知道呢？为了考试看课本太枯燥了，有时候跑去问爸爸妈妈，他们摇摇头解释不清楚，这可怎么办呢？

现在，我们请来了世界闻名的大科学家来回答你的问题，有世界上最聪明的人爱因斯坦老师、被苹果砸到头发现万有引力的牛顿老师、第一位获得诺贝尔奖的女性居里夫人、发明了飞机的莱特兄弟……这些大科学家什么都知道。有什么问题，通通交给他们吧！

亲爱的小朋友，你准备好了吗？让我们一起去欣赏丰富多彩的科学大世界吧！

你的大朋友们

"图画科学馆"编辑部

编辑推荐

　　小朋友的科学素养决定着他们未来的生活质量。如何培养孩子们对科学的兴趣，为将来的学习打下良好的基础呢？好奇心是科学的起点，而一本好的科普读物恰恰能通过日常生活中遇到的问题、丰富多彩的画面以及轻松诙谐的语言激发孩子们对科学的好奇心。

　　在"图画科学馆"系列丛书中，我们精心选择了28位世界著名的科学家，请他们来给小朋友们讲述物理、化学、生物、地理四个领域的科学知识。这个系列从孩子的视角出发，用贴近小朋友的语言风格和思维方式，通过书中的小主人公提问和思考，让孩子们在听科学家讲故事的过程中，在轻松有趣的氛围中，不知不觉就学到了物理、生物、化学、地理方面的科学知识，激发孩子们对科学的好奇心和探索精神。

　　让这套有趣的科学图画书陪孩子思考，陪孩子欢笑，陪孩子度过快乐的童年时光吧！

目 录

物理

爱因斯坦 讲 速度

阿尔伯特·爱因斯坦

（1879—1955）

爱因斯坦出生在德国乌尔姆市，是举世闻名的物理学家。他发现了光的特性，还告诉人们，时间是相对的。

爱因斯坦提出了以相对论为代表的众多全新科学理论。由于在物理学方面的卓越贡献，他在1921年获得了诺贝尔物理学奖。

阿尔伯特·爱因斯坦

小朋友们知道吗？所有运动的物体都有着各自不同的速度哦。

当我们骑着心爱的小自行车或者欢快地滑着旱冰鞋快速前进的时候，是不是能感觉到有好大的风从我们的脸颊呼呼吹过去啊？

当我们坐在摇椅上慢慢摇晃的时候，我们很容易不知不觉就睡着了。

但是爱因斯坦提出，距离和时间会随着速度的不同而不同。也就是说距离和时间是相对的。

那么下面，我们就来认识一下发表这个理论的爱因斯坦吧。

$$E=mc^2$$

小朋友们，大家好！

我是爱因斯坦。

大家都叫我天才科学家。实际上很惭愧啊！在我像你们这么大的时候，在学校里既不是优等生，也不是模范生，而且因为性格原因，还不太受周围人的欢迎。

我小时候不擅长运动，总喜欢一个人安静地待着，出神地思考问题，因此大家认为我不太合群。

　　我在学校时成绩也不太好，背不出九九乘法表，算数速度很慢，还经常出错。

　　就因为这个，我不知道挨了老师多少次批评。有时候其他孩子都放学回家了，我还要留下来挨训。唉！往事不堪回首啊！

但是我的家人都很爱我，他们从来不会批评和指责我，总是积极地鼓励和引导我。

在我五岁那年，爸爸给我买了一个指南针。

我发现指南针的指针总是指向北面，我觉得太神奇了。

"指南针的指针为什么总是指向北面呢？"我像被施了魔法一样，目不转睛地盯着指南针，绞尽脑汁地想啊想啊。

当我遇到问题的时候，除了问爸爸，我还常去请教来我家做客的叔叔，他也经常仔细地为我讲解数学和科学难题。

我知道的越多，问题就越多。

遇到想不通的问题，我会一遍又一遍地思考。

呵呵，小朋友们，你们也可以从现在起培养自己爱问为什么的好习惯哦。

今天我要向大家讲的不是指南针，
而是速度。

速度是什么呢？

速度可以说明物体运动得有多快。

朋友中谁跑得最快，这个是
可以测量的。

比较动物奔跑时的速度，
也能知道哪种动物跑得最快。

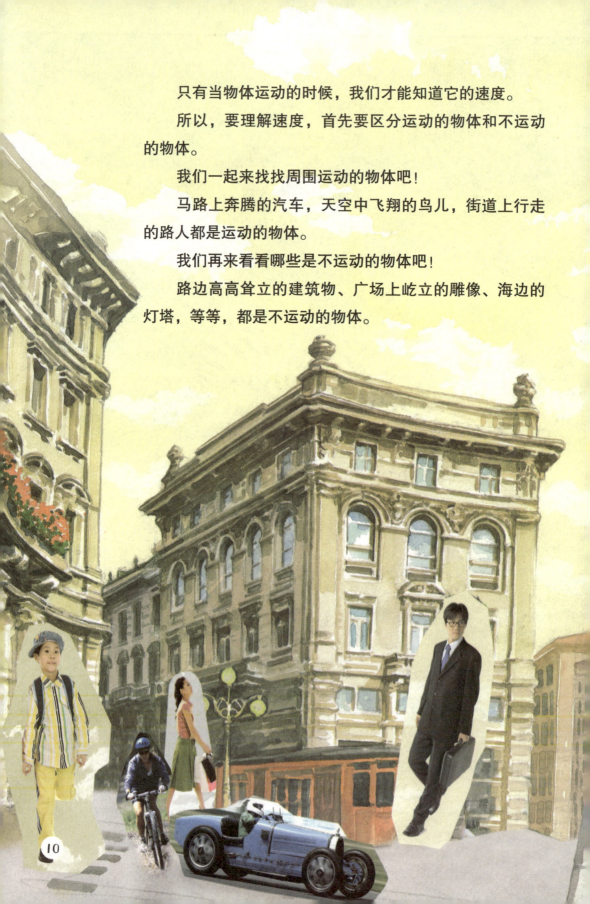

只有当物体运动的时候，我们才能知道它的速度。

所以，要理解速度，首先要区分运动的物体和不运动的物体。

我们一起来找找周围运动的物体吧！

马路上奔腾的汽车，天空中飞翔的鸟儿，街道上行走的路人都是运动的物体。

我们再来看看哪些是不运动的物体吧！

路边高高耸立的建筑物、广场上屹立的雕像、海边的灯塔，等等，都是不运动的物体。

运动的物体和不运动的物体有什么不同呢？

我们就以雕像为例吧。

早上看到的铜像，到了中午或是晚上，它还是静静地待在原地。

第二天起床一看，铜像还是在那里。

也就是说不动的物体，不管时间过了多久，位置也不会发生变化。

过了一会儿，他经过了一家医院。那么，他所处的位置从公交车站变成了医院。

下面我们来看看路上的行人吧！

有个大叔正在走过公交车站。

这位大叔一直在运动，所以他的位置也一直在发生变化。

运动指的是随着时间的变化，物体的位置不断改变的现象。

运动的物体都有速度。

然后又过了一会儿，大叔经过了一所学校。

他的位置又发生了改变。

比较速度的方法有两种。

我们可以测量距离，也可以测量时间。

你跟朋友赛跑过吧？

"我们比比看谁先跑到前面那棵大树下！"

怎么判断谁的速度最快呢？

没错！先跑到树下的小朋友就是优胜者。

距离一定的情况下，谁用的时间最短，谁的速度就最快。

力量和重量会影响速度

推动物体的力量越大，速度越快。也就是说力量和速度成正比关系。力量一定的情况下，物体的重量越大，速度越慢；重量越小，则速度越快。也就是说重量和速度成反比关系。

同样，在时间一定的情况下，我们测量移动距离的远近，也可以比较速度。

比如我们确定一个固定的时间，看看谁移动的距离更远。

在10秒钟内，玩具小狗移动了5米，玩具火车移动了10米。

这种情况下，在相同的时间内，跑得更远的玩具火车速度更快。

也就是说，时间一定的情况下，哪个物体移动的距离越远，速度就越快。

我们周围充满了速度的概念

爸爸，这里有数字。

这个数字表示的是汽车的速度。

1

天气预报也要测量风速，提醒人们提前做好准备，以应对天气的变化。

除此以外，我们可以测量球速，知道选手扔球的速度。

4

我们必须知道汽车的准确速度。

速度与生活是密切相关的。

有的物体运动速度很快，移动的距离很远。虽然移动距离的数字增加了，但比较速度的方法还是一样的。

飞机每秒飞行500米。

汽车每秒行驶20米。

人每秒行走8米。

这三者当中，谁最快呢？

这个问题看起来好像很难，其实非常简单。

没错！飞机速度最快。飞机每秒钟能飞500米。

人则是最慢的，大家明白吧？

因为人每秒钟移动的距离最短。

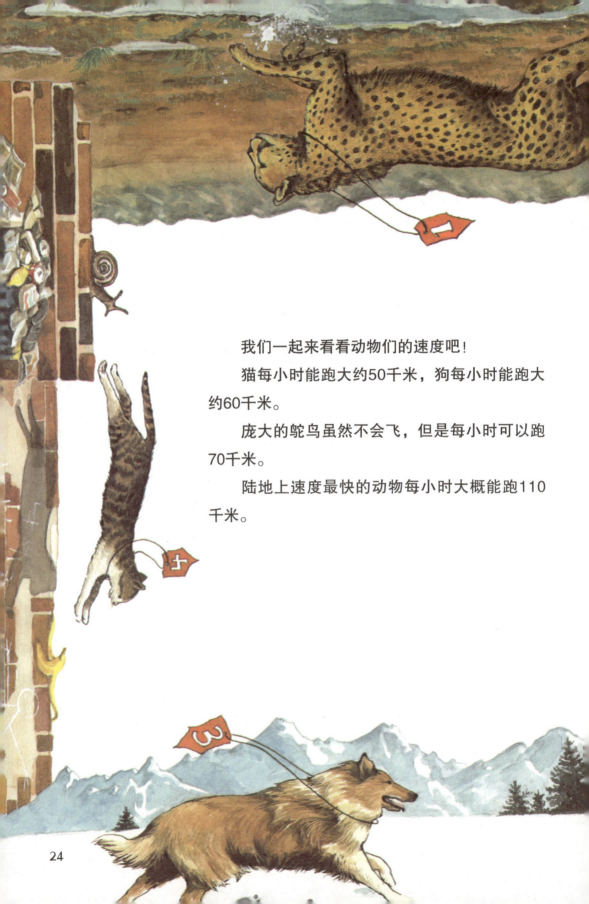

我们一起来看看动物们的速度吧！

猫每小时能跑大约50千米，狗每小时能跑大约60千米。

庞大的鸵鸟虽然不会飞，但是每小时可以跑70千米。

陆地上速度最快的动物每小时大概能跑110千米。

豹子跑得像汽车一样快，但是它吃得很饱的时候可能会稍微慢一点。

哈哈，下面我们来看看速度很慢的动物吧！

乌龟每小时爬行的距离不到1千米。

蚂蚁的速度比乌龟还要慢7倍。

蜗牛比蚂蚁要慢大概60倍，比乌龟要慢大约400倍。

那么，世界上最快的事物是什么呢？

答案是光。光是宇宙间速度最快的事物。

光的速度快得超乎我们的想象，达到了每秒钟30万千米。

以这个速度，光每秒钟可以绕地球转7圈半。

世界上没有任何事物能够比光运动得更快，而且光的速度
始终不变。

不过速度会因为观察的人所处的状态不同而不同。

两辆汽车并排以相同的速度向同一方向行驶，车上的人都会觉得对方的汽车是静止不动的。

如果其中一辆车加快速度，跑得更快一些呢？

那么行驶得比较快的汽车会觉得旁边的汽车在后退。

落后的汽车会觉得旁边的汽车在向前走，而自己不动或者倒退了。

　　你在欣赏滑旱冰表演时，是不是觉得他们滑行的速度很快？

　　但是如果你也踩起滑板车跟他们一块儿前进，就会发现他们的速度其实并不快。

　　如上所述，速度是会因为观察的人所处的状态不同而不同的。

　　我们要特别提醒小朋友们，滑旱冰和滑板车的时候千万要小心，不要滑得太快了，要不然会很容易发生事故的哦。

　　因为你滑行的速度越快，想要马上停下来就越难，所以说行驶得过快的汽车非常容易出事故。

　　不管是大人还是小孩，都应该小心走路或者小心开车，要尽量保持合理的速度，以免发生危险哦。

惯性

　　物体具有保持原有的状态的特性，这种特性叫做惯性。运动的物体想要继续保持运动的状态，静止的物体想要继续保持静止的状态。物体越重，惯性越大，在运动中突然停下来时向前冲得越远。

关于速度的故事，今天我就讲到这里了。

小朋友们是不是感觉很深奥啊？

不用担心！其实其中的原理很简单。你只要记住，在谈到速度的时候，千万不能忘记了距离和时间的重要性就可以啦！

那么距离和时间一直都是一样的吗？

对于运动着的人来说，距离会变短。

运动的速度越快，感觉时间流逝得越慢。

对于像光一样快速移动的人来说，时间就像蜗牛一样慢。

跑一个小时、十个小时，时间说不定已经过去了千万年了呢。

如果人们能跑得和光一样快，是不是就可以到达遥远的未来了呢？

控制速度

　　球类运动的运动员每天都要花很长时间来练习运球。棒球的球速可以达到每小时160千米，羽毛球的球速甚至超过每小时200千米。有些球的速度超过了汽车，所以为了能在运动中更好地控制球，运动员需要不断地练习。

守门员飞身扑球

小朋友们都知道哪些球类运动啊？只要稍加留意我们会发现，棒球和羽毛球使用球拍运球，而足球则不用工具，靠的是运动员的身体，因此守门员经常需要飞身扑球。遇到点球或者发球时，守门员一对一面对对手，此时守门员处于非常不利的位置。一般球破门只需要0.55秒，守门员扑住球则需要0.66秒。

技艺特别高超的守门员能够扑住点球和罚球。这样的守门员，在对方踢出球的同时就能够判断出球的走向，然后纵身扑出去。

速度在逐渐变快

　　在大人们工作的时候，开车到其他地方旅行的时候，都希望能够尽量快速行动，好节约时间来工作或游玩。随着交通工具的发达，人们一直不断地追求更快的速度出行。这样做不仅仅是为了节省时间，我们可以说，追求更高的速度是人们一直以来的梦想。

在高速公路上快速奔驰

　　德国不仅有发达的汽车产业，而且还有世界上著名的不限速高速公路。在特殊的不限速高速公路上，没有车速的限制。幸亏有这些不限速的高速公路，要不德国造的那些能够高速行驶的汽车就无用武之地了。虽然不限速公路听起来好像会很危险，但是据说这样的高速公路上的事故发生率并不高，大概是因为司机们在这样的高速公路上特别小心驾驶的缘故吧。

北京到上海，五个小时就够啦！

以前我们乘坐普通的火车或者动车，要是从北京到上海需要11个小时，但是从2011年6月30日那天开始，京沪高速铁路就开通啦！高铁的时速达到了每小时300千米，如果我们从北京出发，坐上高铁，不到5个小时的时间，就能来到上海这座城市。

京沪客运专线总长度为1318千米。京沪高铁客运专线是新中国成立以来一次建设里程长、投资大、标准高的高速铁路客运专线。

速度就是快慢

我们刚刚了解了有关速度的概念和不同的速度快慢。有的时候速度的快慢很难衡量，因此，我们首先要确定一个标准，再进行测量和比较。

风的速度被称为风速。台风的速度一般在每秒钟17千米以上。

用时间和距离来体现速度

　　我们通常用秒速、分速、时速来表示速度，它们分别表示的是一秒钟、一分钟、一小时的速度，也就是物体在这些单位时间内移动的距离。风速、声速用秒速来表示，车速用时速来表示，介于这两者之间的速度用分速来表示。如果不能测算出一秒钟、一分钟、一小时内移动的距离，也可以用移动的距离除以所用的时间来计算速度。

如果一个人一小时内走了3千米，那么他的速度就是3千米/小时。

速率不同于速度

速率与速度一样，也是体现快慢的概念。但是速度同时还体现了移动的方向。围着运动场跑一圈的速率可以用运动场一圈的长度除以所需时间求得。但是如果围着运动场跑一圈之后又回到原地的话，速度就是零。

比较速度

一个人骑自行车，一个人跟在自行车后面，每隔固定的时间沿路做标记，这样就可以测量出这段时间内自行车的速度。在自行车后面丢沙包的话，沙包会间隔掉落在地上，自行车速度加快的时候，沙包间的距离会拉长，反之，沙包间的距离会缩短。

画一张图表，也可以一眼看出速度的大小。在纸上画出横坐标和纵坐标，横坐标表示时间，纵坐标表示距离，每一段距离用点标上时间，然后把这些点连起来。速度越快，线越陡；速度越慢，线越平。

机智幽默的爱因斯坦

成功的公式

有一次，一个美国记者问爱因斯坦关于他成功的秘诀。他回答说："早在1901年，我只有22岁时，就已经发现了成功的公式。现在我把这公式的秘密告诉你，那就是A=X+Y+Z！A就是成功，X就是正确的方法，Y是努力工作，Z是少说废话！这公式对我有用，我想对许多人也一样有用。"

爱因斯坦也会逃课

爱因斯坦也逃课？大家一定非常惊奇，全世界都有名的大科学家小时候也会逃课吗？

其实，爱因斯坦的确逃过课，不过他逃课可不是去玩了，而是自己去钻研课本上没有或还未讲到的物理学前沿知识了。小朋友们可不能因为不喜欢上课就逃课跑出去玩啊！

穿旧衣服也没关系

一天，爱因斯坦在纽约的街上遇见一位朋友。

"爱因斯坦先生，"这位朋友说，"我想您该买一件新大衣了。瞧您身上这件衣服，太旧啦！"

"这有什么关系？反正在纽约谁也不认识我。"爱因斯坦回答说。

几年后，他们又偶然相遇。这时爱因斯坦已经是一个著名的物理学家了，可他还穿着那件旧大衣。他的朋友又开始劝他买一件新大衣。

"何必呢！"爱因斯坦说，"反正这儿每个人都认识我了。"

妙解相对论

爱因斯坦提出相对论之后，很多人都不是非常理解，全世界只有少数几个科学家能看懂有关相对论的著作。

一次，好多美国人包围了爱因斯坦的房子，要他用"最简单的话"解释清楚他的相对论。爱因斯坦走出来对大家说："我给你们举个例子：你和你最亲的人坐在火炉边，开心地说话，一个钟头过去了，可是你觉得好像只过了五分钟那么短！反过来，你一个人孤孤单单地坐在热气逼人的火炉边，只过了五分钟，但你却像坐了一个小时那样漫长。明白了吗？这就是相对论！"

大的废纸篓

爱因斯坦来到普林斯顿大学的第一天，工作室的人问他需要什么工具。他说："一张书桌或台子，一把椅子和一些纸张铅笔就行了。啊，对了，还要一个大废纸篓。"那个人不解地问："为什么要大的废纸篓？"爱因斯坦答道："好让我把所有的错误都扔进去。"

爱因斯坦这样说：

成功＝正确的方法＋努力工作＋少说废话。

真正有价值的东西不是出自雄心壮志或单纯的责任感，而是出自对人和对客观事物的热爱和专心。

想象比知识更重要。知识是有限的。想象却可以包围世界。

 实验室

如何把静止状态下的
物体制造出运动的效果？

　　话剧和木偶剧虽然是在较小的空间内进行，但是人们利用各种设备制造出了很多的效果。例如，可以利用速度会因观察的人不同而呈现不同的特点，分别制作人偶和背景，制造出移动的效果。

请准备下列物品：

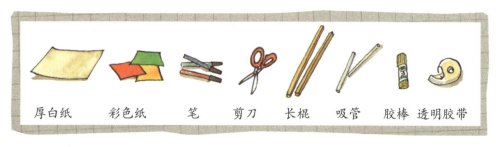

厚白纸　　彩色纸　　笔　剪刀　长棍　吸管　胶棒 透明胶带

一起来动手：

　　1.将厚白纸剪成长方形的两半，用彩色纸和笔在其中一张纸上画出背景。

　　2.用剩下的厚纸剪成人偶形状，用彩色纸和笔装饰人偶。

　　3.在背景厚纸的背面粘上一根长棍，在人偶头部粘上一根吸管。

　　4.背景纸在后，人偶在前，实验用不同的方式移动背景纸和木偶。

1 将厚白纸剪成长方形的两半，用彩色纸和笔在其中一张纸上画出背景。

2 用剩下的厚纸剪成人偶形状，用彩色纸和笔装饰人偶。

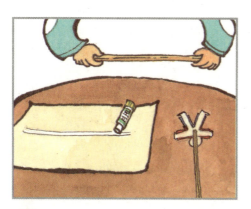

3 在背景厚纸的背面粘上一根长棍，在人偶头部粘上一根吸管。

4 背景纸在后，人偶在前，实验用不同的方式移动背景纸和木偶。

实验结果：

分别向左或者向右移动人偶，可以制造出人向前走、向后退的效果；分别向左或者向右移动背景纸，在人偶静止不动的情况下，也可以制造出人偶向前走、向后退的效果。

 为什么会这样？

坐在行驶中的汽车上，会觉得自己没有动，而身旁的风景在不断后退。与此相同，人偶不动而移动背景纸，看起来就像是人偶在移动。

莱特兄弟讲 升力

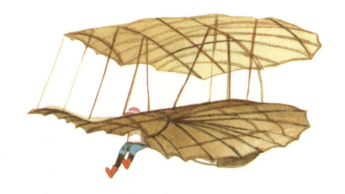

莱特兄弟

　　莱特兄弟出生在美国。他们是最早发明动力飞机，并成功在空中飞行的发明家兄弟。

　　莱特兄弟给飞机装上翅膀，安上自制的发动机，制造出了人类历史上最早的飞机——"飞行者"号。"飞行者"号开启了人类在空中自由飞翔的全新时代。

奥维尔·莱特
(1871—1948)

维尔伯·莱特
(1867—1912)

你见过在空中自由飞翔的鸟儿吧？

其实从很久以前，人们看着天上飞翔的鸟儿就曾经想过："人要是能在天空中自由飞翔该多好啊！"

小朋友们知道吗？正是在升力的帮助下，人们终于实现了在空中飞翔的梦想。升力是撑起翅膀的力。下面我们和莱特兄弟一起来探讨一下升力吧！

"哥哥，如果这个东西再大一点的话，是不是就可以载人呢？"

莱特兄弟正在玩儿爸爸给他们新买的玩具。这个玩具只要缠上橡皮筋就可以猎猎飘动起来。

"要是它能飞上天就好了。"

莱特兄弟喜欢手工制造，他们开始在脑海里想象一架可以在天上飞行的大型机器。

那应该是一架大得可以载人的机器。

莱特兄弟看着鸟儿飞翔的样子，勾画着他们的梦想。

"鸟儿是怎样飞上天的呢？

人怎么才能像鸟儿一样飞起来呢？"

莱特兄弟想像鸟儿一样呼呼地飞上天。

其实在他们之前，很多人都有过同样的梦想。

　　1852年，法国的亨利·吉法尔制造出了会不断旋转的螺旋桨，以便在空中随意转换飞行器的飞行方向。

　　这架飞行器安装了引擎，靠它来带动螺旋桨的旋转。

　　同时，飞行器的"口袋"里装满了氢气。

　　氢气密度小、比较轻，可以带动气球冉冉升起，同时螺旋桨又带动冉冉上升的热气球向前飞行。

气球就是一架轻型飞行器

　　飞行器是一种运输工具，它可以载着人或物体在空中飞行。飞机、滑翔机都属于飞行器。轻盈的飞行器叫做轻型飞行器，比如利用加热的空气，或者氢气、氦气漂浮在空中的热气球。而像滑翔机或飞机这类飞行器则属于重型飞行器。

　　至此，虽然人们成功地升上了天空，但还是没能实现像鸟儿一样自由飞翔的梦想。

　　鸟儿没有热气和氢气，它们到底是靠什么来自由翱翔的呢？

　　难道它们的翅膀底下藏着什么秘密武器吗？

　　鸟儿飞翔的样子看起来似乎很轻松，但实际上飞翔也不是件非常容易的事情。

　　人们锲而不舍，继续研究鸟儿飞翔的奥秘。

我们知道，鸟儿是通过用力扇动翅膀来飞上天的，可是当鸟儿在天上停止扇动翅膀的时候，它也不会突然掉到地上。

所以说，鸟儿在天上飞的时候，不仅扇动翅膀的动作很重要，翅膀的形状也很重要。

1891年，德国的奥托·李林塔尔坐上滑翔机跳下悬崖。

他想像鸟儿一样利用气流进行飞翔。

登上悬崖顶端的李林塔尔信心满满地跳了下去，结果却被风刮到了谷底。

不过李林塔尔并不气馁，他继续不断地练习，希望有一天能飞上蓝天。

团结就是力量

鸟儿飞翔的时候，翅膀末端会产生气流。排成V字形，就可以顺着前面的鸟儿翅膀末端产生的气流往前飞，可以省去不少力气。这种V字形阵形一旦解散，鸟儿们就不能借助这种力量进行飞行了。

我好像能听到鸟儿说"嗨哟嗨哟"的声音哦！

想在空中飞翔，需要轻巧而且大马力的引擎。

莱特兄弟全身心地投入到了研究引擎的工作中，他们不断地对机器进行调制，双手和脸上时常沾满了油污。

他们后来研究出了一个好方法，滑翔机再也不会被大风吹歪了。

最后，世界上第一架飞机终于诞生了。

他们给这架飞机起名叫做"飞行者"。

莱特兄弟是如何操纵"飞行者"飞行的呢？

莱特兄弟不断研究和探讨可以随意改变飞机飞行方向的方法。

他们做了一个实验，在风筝上绑上几根绳子，然后通过拉动绳子来调节风筝的方向。

他们通过这个实验来练习在实际飞行过程中调节飞机方向的方法。

飞机飞行时需要的最重要的力量就是升力。

机翼的特殊形状使飞机产生了升力。

机翼上端鼓起，下端扁平。

空气流过鼓起的机翼上方，速度较快，流过扁平的机翼下方，速度较慢。

空气流动的速度减慢，下面的压力变强，机翼就会被抬起来。

74

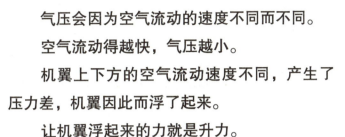

气压会因为空气流动的速度不同而不同。

空气流动得越快，气压越小。

机翼上下方的空气流动速度不同，产生了压力差，机翼因此而浮了起来。

让机翼浮起来的力就是升力。

空气流动的速度加快，上面的压力减弱，机翼就会向上升起来。

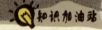

知识加油站

用襟翼增加升力

襟翼是附着在机翼后部的装置，只有在需要时才会展开。襟翼展开时，机翼受到的升力就会增加。只打开一侧襟翼，飞机的飞行方向会发生变化。襟翼还会安装在后侧机翼和机尾上。飞机常依靠襟翼来调整飞行的高度和方向。

有了升力，鸟儿和飞机就可以浮在空中了。

蜜蜂通过不断扇动薄薄的翅膀来制造升力。

蝴蝶的翅膀比身体大很多，它要呼啦呼啦地不停扇动翅膀，才能飞在空中。

麻雀飞行时，飞行路线像波浪一样起伏。

老鹰飞行时基本上不扇动翅膀，有时还可以在空中画圆圈。

不管鸟的翅膀是大是小，身体是大是小，都需要升力才能在空中飞行。

升力

推力

重力

阻力

重力和阻力是自然生成的，升力和推力是人类为了让飞机飞起来而制造出来的。

但是，光靠升力鸟儿和飞机只能浮在空中。

要想在空中飞行，还需要向前的推力。

鸟儿通过扇动翅膀来产生推力。

飞机通过发动机和螺旋桨的转动来产生推力。

升力和推力必须要比把飞机向下拉的重力和空气摩擦产生的阻力大，飞机才能向前飞行。

我们骑自行车的时候，会感觉到风吹到脸上、身上，向后推我们的力量，这就是阻力。

如今距离莱特兄弟发明飞机已经有100多年了。

这期间，飞机的发展日新月异。

现在，人们还在不断地研究如何让飞机飞得更加快速、安全、舒适。

如今，人类不仅实现了飞上天空的梦想，还能飞向太空，探索更浩瀚的宇宙呢！

运动竞技中利用升力

升力有利于物体向上浮，所以我们想要高高跳起或者飞出去很高的时候，升力都扮演着重要角色。运动选手在运动的时候也会利用升力，而且也在孜孜不倦地钻研如何找到更好的办法来利用升力。

滑雪跳远的选手将身体尽量向前倾斜

滑雪跳远是选手踩着滑雪板进行跳远的竞技活动。选手们沿着陡峭的山坡滑行，在陡坡的尽头跳向空中，跳得最远的选手为优胜者。为了跳得更远，选手们要利用升力，在跳向空中的时候，将身体尽量向前倾斜，以承受最大的升力，从而跳得更远。

选手们将滑雪板的前面尽量张开，以制造更大的升力。

高尔夫球杆

凹陷的洞可以加大升力

高尔夫选手挥动球杆，将高尔夫球打出很远。为了能使高尔夫球飞得更远，球的表面凿了很多凹陷的洞，目的正是为了加大升力。很久以前，高尔夫球表面是没有凹陷的。后来，高尔夫球选手们逐渐意识到，表面有凹陷的高尔夫球能飞得更远，所以人们开始专门在高尔夫球表面凿出凹陷，这样的凹陷被称为酒窝。一般的球上有几百个酒窝，酒窝可以将高尔夫球承受的升力提升2~5倍，承受的空气阻力减小为原来的二分之一。

高尔夫球

像鸟儿一样扇动翅膀

人们在长途旅行的时候经常会坐飞机。可是大家知道吗？我们今天乘坐的飞机能发明出来，其实经历了一个非常漫长的过程。莱特兄弟成功制造出第一架飞机是在1903年，但在那之前，人们从久远的古代开始就已经做起飞行梦了。

收集鸟儿的羽毛制造翅膀

希腊神话里的提达拉斯是一代名匠，但是他不慎得罪了国王，和自己的儿子伊卡洛斯一起被关到了与世隔绝的地方。提达拉斯决心逃出来，飞到天上去生活。于是父子俩开始一起收集鸟的羽毛，并用白蜡将羽毛粘成了翅膀。伊卡洛斯穿上翅膀飞上了天空，可是当他飞到靠近太阳的时候，白蜡在阳光的照射下熔化了，翅膀上的羽毛纷纷散落，他又掉到了地上。

伊卡洛斯掉到了海中央，这片海被称为伊卡洛斯海。

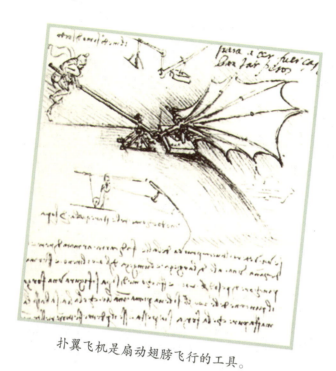

扑翼飞机是扇动翅膀飞行的工具。

列奥纳多·达·芬奇（1452—1519），是名画《蒙娜丽莎的微笑》的作者，同时也是优秀的科学家。在达·芬奇的本子上画着扇动翅膀的飞行工具——扑翼飞机，达·芬奇还有过降落伞、直升飞机等多种构想，为后世人们的飞机研究起到了重要的启示作用。

升力帮助飞机升起来

在平常的学习和生活中，爸爸、妈妈或老师可能会教我们利用科学原理来制作玩具，比如说自己动手制作风筝。我们不仅可以亲手制作风筝，然后放风筝，也可以学到如何利用升力的原理。

升力使风筝飞得很高

在冬天刮大风的时候放风筝，风筝可以飞得很高，这不仅仅是风的作用，也是风筝的形状设计起到的作用。利用竹篾做骨，把粘在上面的马拉纸做成鼓起的形状，这样一来风筝就能受到更多的升力，可以长时间地飘浮在空中。鸟翅膀的形状也有利于提升升力，而且翅膀的大小会影响所承受升力的大小，像老鹰这种能飞得很高的鸟，翅膀一般都比较大。

放飞的风筝

飞机利用升力

合理利用升力，就能升到高高的天空中，在空中自由翱翔，飞到遥远的地方。在发明飞机之前，想要到达地球的另一端需要花费很长时间。有了飞机，这种问题就变得很简单了。飞机能帮助我们在很短的时间内完成长距离旅行，而且能在同一时间载很多人飞行，是一种非常便利的交通工具。

利用浮力和升力飞上天

　　浮力指的是物体在空气中因为上下表面所受的压力差而浮起来的力。气球是利用浮力飞行的典型的飞行工具。气球的方向、速度、飞行高度都很难调节。滑翔机虽然也利用升力，但是只能搭载一个人。即使如此，现在也有很多人使用气球和滑翔机。气球主要用于庆典或者宣传活动，滑翔机则主要是用于个人娱乐活动。

最早的热气球——孔明灯

　　最早的热气球是中国人发明的，那就是孔明灯。孔明灯又叫天灯，相传是由三国时的诸葛孔明，也就是诸葛亮发明的。当年，诸葛孔明被司马懿围困在平阳，无法派兵出城求救。孔明算准风向，制成会飘浮起来的纸灯笼，系上求救的讯息，后来果然成功脱险了，于是后人就称这种灯笼为孔明灯。另一种说法是这种灯笼的外形像诸葛孔明戴的帽子，所以大家叫它孔明灯。

　　现代人放孔明灯多作为祈福之用，孔明灯又被称为平安灯。男女老少亲手写下祝福的心愿，象征丰收成功，幸福年年。但是孔明灯是明火，在空中飞行中又有很多不可控因素，容易造成火灾。所以我们在放孔明灯的时候一定要和大人一起，注意安全哦！

小朋友坐飞机时要注意啦!

小朋友第一次乘坐飞机会比较好奇，也许还会有点儿紧张，我们先来了解一下乘坐飞机时候的安全常识吧。

1.乘坐飞机前，不要吃太多难以消化的食品或零食，要不然晕机的时候会容易呕吐。

2.乘坐飞机前，首先要检查自己的行李。不能携带任何危险物品，比如鞭炮、火柴等易燃品、易爆品，都不可以带到飞机上哦。

3.乘坐飞机时一定要系好安全带，因为飞机在遭遇气流时可能会颠簸，不系安全带是非常危险的。

4.仔细听乘务员讲解飞机安全须知，记住紧急出口的位置，还有各种安全设施都是做什么的，都怎么使用。

5.想喝热饮料时，不要自己动手，请爸爸妈妈或者受过专业训练的乘务员帮忙，如果喝自己带的很烫的饮料，一定要小心不要被烫伤或发生意外。

6.在正常情况下，没有得到机组人员的许可，不能乱动机舱内的救生应急设施。

7.坐飞机很安全，但万一发生意外情况或有事故征兆时不要害怕，要服从机组人员指挥，跟着爸爸妈妈一起行动，不能自己乱跑。还要迅速将随身携带的钥匙、眼镜等锋利、坚硬的物品放在前排座椅后的口袋里，以免造成不必要的伤害。

8.如果机舱内有烟雾，就要马上蹲下来或者从地板上趴着爬到机舱安全门。

翅膀是如何飞向空中的?

飞机的机翼上方鼓起、下方平坦，这是为了更好地产生升力。只要是充满空气的地方，就可以制造出升力。

下面让我们来试着做一对小翅膀，自己制造升力吧。

请准备下列物品：

| 厚纸 | 尺子 | 剪刀 | 透明胶带 | 绳子 | 针 |

一起来动手：

1.将厚纸剪成长15厘米、宽5厘米的长方形。

2.将纸从8厘米处叠一下，把长的一边卷起来。

3.将纸的两边用透明胶带粘起来，卷起的一面朝上，用针扎孔把绳子穿过去。

4.用手把绳子拉紧，用嘴巴向厚纸吹气。

1 将厚纸剪成长15厘米、宽5厘米的长方形。

2 将纸从8厘米处叠一下，把长的一边卷起来。

3 将纸的两边用透明胶带粘起来，卷起的一面朝上，用针扎孔把绳子穿过去。

4 用手把绳子拉紧，用嘴巴向厚纸吹气。

实验结果：

对着上方鼓起的厚纸模型吹气的话，厚纸会顺着绳子向绳子上方移动。吹气的时候，模型会持续停留在绳子上方，一旦停止吹气，厚纸就会落到绳子的下方。

为什么会这样？

向厚纸吹气的时候，空气会分成两股，顺着厚纸的上下端流动，然后在厚纸末端重遇，此时厚纸鼓起的上方流动的空气速度要比下方快得多。因为速度慢的空气产生的力更大，所以厚纸下方产生的力比上方的力要大，因此厚纸就向上滑动了。

阿基米德 讲
浮力

阿基米德

（公元前287年－公元前212年）

　　阿基米德出生在西西里岛上古希腊的旧都希拉库萨。

　　阿基米德是发现了水的浮力原理的物理学家，所以我们也常把浮力的原理称为阿基米德定律。

　　阿基米德是史上最为著名的物理学家之一，除了浮力原理外，他还发现了杠杆原理和滑轮原理，发明了螺旋式泵，为人类科学做出了许多贡献。

阿基米德

　　小朋友们有过将铁夹子或者硬币丢到水里的经历吗?如果没有，可以立即试一下哦。你会发现铁夹子或硬币会立刻沉到水里。

　　但是，铁制的大轮船，即使满载货物和旅客，也能够在海上悠然行驶。

　　巨大的轮船为什么不会沉入水底，能漂浮在水面上，而小小的夹子或硬币却不行呢?

　　揭开这个问题谜底的人正是阿基米德。

　　阿基米德发现了向上浮的力，也就是浮力。

　　现在，就让我们穿越时空去阿基米德生活的古希腊，了解一下浮力的故事吧。

小朋友们，大家好！

欢迎你们来到美丽的西西里岛。

我叫荷马斯。首先我想要向大家介绍一位著名的物理学家，他也是我的老师。

猜猜他是谁？没错，他就是阿基米德。

老师现在还在专心做研究呢。

不过这次他要解决的问题似乎有点难哦。

他需要检验出王冠是不是用纯金做成的，但不能把王冠熔化，也不能让王冠有任何损伤。

100

最近，老师只要一坐到实验室就开始想王冠的事情。

今天，他又望着王冠苦思冥想了整整一天。

对于王冠的问题，我也想了很久，可是始终没有想出什么好办法。

小朋友，你能想出什么好办法来解决这个问题吗？

"荷马斯，我想休息一会儿。你帮我放好洗澡水吧。"

看来老师是累了，我赶紧准备好了洗澡水。

"老师，洗澡水已经放满了。"

老师一踏进浴盆，浴盆里的水就向外溢出来不少。

"哗啦啦，哗，哗。"

"咦，为什么我一进浴盆，水就往外溢呢？"

"因为我放了满满一盆洗澡水啊。"

"嗯，那如果是你进来的话，水应该不会溢出来这么多吧？"

"那当然了，老师您比我胖多了。"

我笑着说道，抬头看着老师的脸。

105

"Eureka!"

Eureka是希腊文中"知道"、"发现"的意思。

老师好像忽然想起了什么，一下子从浴盆里跳起来。

"对，没错！就是这个道理。你和我体格不一样，所以从浴盆里溢出来的水量也不一样。"

老师一点不介意我说他胖，反而高兴得不得了。

"我知道了，我明白了！"老师边喊边朝外面跑去。

他太兴奋了，甚至连衣服都忘了穿。

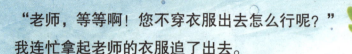

　　"老师，等等啊！您不穿衣服出去怎么行呢？"
我连忙拿起老师的衣服追了出去。

　　路上的行人都看到了光着身子朝王宫跑去的老师。

　　女人们赶紧闭上了眼睛，男人们则啧啧咋舌不已：
"估计是做研究做得太久，脑子出毛病了。"

　　我赶紧跑过去，把衣服给老师裹上："老师，您不
能这样光着身子去见国王啊。"

　　老师这才猛然回过神来："荷马斯，我太高兴了！
我终于找到答案了。我们这就去确认王冠是不是用纯金
做成的。"

老师回到实验室，开始做实验。

他在两个容器里放满水，然后把重量相等的金块和银块分别放到两个容器里。

结果发现放银块的容器溢出来的水更多。

因为金块和银块虽然重量相等，但体积不同。

最后，老师把王冠放进了水里。

溢出的水很多　　　　　　　　　　　　　　溢出的水很少

结果发现，王冠溢出的水比金块溢出来的多。

"如果王冠是由纯金打造的，那么溢出来的水应该和金块一样多。"

"原来这个王冠不是由纯金打造的啊。虽然它的重量和原始的金块一样，能蒙混过关，但是它的体积和同等重量的金块不一样，这一点是无法掩盖的。"

"你不愧是我的学生，分析得很到位。"

得到老师的称赞，我感到很自豪。

"那你说说，这个容器里的水，为什么会溢出来呢？"

"因为……"这下可难倒我了。我一个劲儿地挠着头，说不出个所以然来。

为什么把物体放进装满水的容器里，水会溢出来呢？

"因为水会向外推放入其中的物体，这个王冠受到了与溢出来的水相同重量的浮力。"

"浮力？"

"对，浮力是向上漂浮的力。只不过王冠受到的浮力太小，所以王冠会沉下去。"

物体受到的浮力与物体体积有关

王冠的重量

浮力

113

知识加油站

水想回到原地

　　把物体放到水里，就会占去水的位置。这时候水就想要回到原来的位置，就会用力。物体的上部、下部、两侧，都会受到水用力的作用。两侧受力相同，互相抵消。只剩下向上、向下的力。这两种力的差异会决定物体是沉下去还是浮上来。

老师从厨房拿来了鸡蛋和盐。

"老师您拿鸡蛋干什么？准备煮鸡蛋吃吗？"

"小伙子，怎么整天老想着吃呢？"

老师把鸡蛋放进了盛满水的容器里，鸡蛋沉到了水底，然后他开始往水里撒盐。猜猜发生了什么事情？

鸡蛋慢慢向上浮了起来，就像变魔术一样！

植物也会利用浮力的原理

水葫芦和荷花是怎样浮在水面上的呢？

①

水葫芦还有清洁水质的作用。

②

水葫芦圆筒形的叶柄里充满了空气。

虽然它的根和茎很细，但是有浮起来的叶子支撑，水葫芦可以漂浮在水面上呼吸。

植物也会利用浮力生存，它们是不是很聪明啊？

3

荷花的叶子大而轻，所以能浮在水上。
紫萍等水中植物的叶子构造也很适合浮在水面上。

"盐水产生的推力更强，因此浮力也更强，鸡蛋就浮起来了。"

　　"那我们在海里游泳，身体比在河里更容易浮起来，对吗？"

　　"对呀。在阿拉伯半岛的撒哈拉沙漠里有一片海，海水的盐分含量是一般海水的五倍，所以人在那里的海面上很容易浮起来。"

死海

　　死海位于以色列和约旦边境。约旦境内的河水长年注入死海，源源不断地供应着死海。死海的海水不断蒸发，留下了大量的盐分。人在死海上很容易浮起来，甚至可以在海上躺着看书、看报。

死海的水太咸了，我们鱼类根本无法生存。

"要不我再给你出一个更复杂的题目吧。"老师笑着用粘土捏了一个球，然后又用相同重量的粘土捏成了一个碗。

老师把他们分别放进了水里。

球状粘土一下子就沉下水底，碗状粘土却浮了起来。

我疑惑不解地看着老师。

老师给我解释说："体积越大，推走的水越多，受到的浮力也就越大。"

"原来是因为碗状的粘土推走的水更多啊。"

"是的，即使是很重的物体，只要扩大它的体积，就有可能浮在水面上。"

每种物质的密度是不一样的

密度指的是某种物质微粒子密集的程度。同等体积下所含的微粒越多，密度就越大，反之，密度越小。水也有它自身的密度。只要是密度比水小的物体，不管体积大小，都能浮在水面上。

过了几天，我和老师一起去坐船。

"荷马斯，你说说为什么这么大的船能浮在水上，不会沉下去呢？"

"当然是因为浮力了。"我很自信地回答说。

"对，是浮力将船托起来的。"

我和老师一起在海边散步。

我突然想起了一个问题：按这个道理，鱼儿也会受到水的浮力，为什么它们能在水底游泳，而不受浮力影响漂浮在水面上来呢？

"嗯，对！肯定是鱼儿不受浮力影响！"我大声说道。

听到我的话，老师非常吃惊。

"鱼儿一定是用鱼鳔来调节浮力的。"我又低下头仔细地想了想，补充说道。

"不愧是我的弟子！你说得没错。鱼鳔是鱼儿用来调节浮力的空气袋。"

側线

鱼鳍

鱼鳔

鱼鳃

鱼的模样

　　"荷马斯，你来看看这块石头。"老师指着一块沉甸甸的石头说。

　　我费了九牛二虎之力才把石头搬起来。

　　"好了，现在把石头推进海里吧。"

　　我用力一推石头，石头咕咚一声掉进了水里。

　　"好了，现在把石头从水里搬出来吧。"

　　我蹒跚着走进水中，再次搬起了石头。

　　石头在水里好像很容易搬起来。

　　"哈哈，没错，那是浮力在帮你搬石头呢。"

在水中举起物体更容易

入水部分越多
受到的浮力越大

127

"你跟我过来。"
老师带着我来到水更深的地方。
他趁我不注意，一下子把我推进了水里。
我被吓了一大跳，在水里乱扑腾，还呛了好几口水。
"啊，老师救命啊，快拉我一把！"

　　没想到老师却假装生起气来："这家伙，不是有浮力托着你吗？你只要放松身体，安静地躺着，就不会沉下去。"

　　我照着老师的话去做，真的感觉到身体浮起来了。

　　老师看到之后，哈哈大笑起来："怎么样，现在真正了解浮力了吧？"

人体很容易浮起来

学会游泳对小朋友来说可不是件容易的事情，需要我们付出不懈的努力和好多的时间。一般来说，有过溺水经历的人更怕水。但是实际上，只要我们放松身体，会发现人体在水中更容易上浮而不是下沉。老师不是常说，有志者事竟成嘛！只要我们有决心，掌握游泳的要领，我们都可以学会游泳。

人体内有一个气囊

人是通过吸入一口气、再吐出一口气完成呼吸过程的。吸气的时候，肺部会充满空气；呼气的时候，这些空气会排出体外。肺是人体吸入和呼出空气的气囊。救生圈只有在充气的状态下才能浮在水面上，人体也只有在肺部充气的状态下才能浮在水面上。

潜水员身上的氧气筒在空气中很重，但是在水里就很轻，背起来一点也不费力。

通过呼吸调整浮力

在水下作业的人，为了长时间停留在水下某个固定的点作业，需要使用专门的潜水用具。但是在手上拿着东西，不太方便使用潜水用具的时候，就需要用肺部来调整浮力。随着肺部的空气不断被人体呼出，浮力也会随之变小，人就很容易往下沉。

浮力对健康有益

　　我们在出生前，都是生活在妈妈温暖的子宫中。子宫里都是温暖的液体，叫做羊水。羊水里就有浮力。因此有人说待在水中会让人感觉到安全，不仅心情舒畅，而且对健康也有益。

婴儿更喜欢水

　　每个新生儿离开母亲温暖的子宫来到世界上时，都会有深深的恐惧感，都会哇哇大哭。但是如果在水里分娩的话，婴儿的恐惧感会大大降低。因为婴儿在母体内一直生活在水中，所以更适应水中的环境。但是为了自己能呼吸、能长大，并且享受母亲温暖的怀抱，婴儿最终还是得从妈妈的肚子里出来。

水疗法

要在水中挥动手臂，必须克服水的阻力，因此在水中走路、跳动、跑步，做推、拉等体操都能起到很好的锻炼效果。在水中做体操还有一个非常特殊的功效——患有脊椎或者关节疾病的人稍稍运动就会全身疼痛，但在水里因为受到浮力，疼痛会大大减小，所以他们可以在水中更轻松地运动。

刚出生的婴儿由于长时间浸泡在羊水中，所以皮肤看上去皱巴巴的。不过，过不了多久，羊水挥发干净后，皮肤就会舒展了。

浮力可以托起大船

我们刚刚接触了有关水中的重量和浮力的内容。在日常生活中，比如我们晚上洗脸时，可以试着将手放到洗脸盆里感受一下浮力。无论是一小杯水，还是辽阔的大海里都存在着浮力。

体积越大越容易浮在水面上

　　物体受到重力的作用，都会自然往下沉，在水里也是一样。物体受到的重力等于自身的重量，如果物体的体积很大，物体就会浮起来，因为体积越大，受到的浮力就越大。海水浴场里常见的橡胶船、救生圈等也充分利用了浮力的原理。只要在橡胶船或者救生圈中充满空气，它们就可以浮在水面上，即使上面载了人也不会下沉。

哪个物体会浮起来？

物体在水中会变轻

在游泳池里，如果只把头露在水面以上，会感到胸部很闷，这是因为水在挤压你的身体。物体在水中的重量比在空气里轻，因此潜水员可以背着重重的氧气筒长时间待在水里，体积很大的鱼也能在水里尽情遨游。

越往下潜，浮力越大

在水中称物体的重量，会比在空气中轻。把物体的一半浸在水里称出的重量和完全浸在水里时称出的重量也不同，完全浸在水里时的重量更轻。因为物体受到的浮力等于它排出的水的重量。浮在水面上的船只有下端浸在水里，船受到的浮力就是其浸入水中的部分受到的浮力。在船上装上更多的货物，船浸入水下的部分越多，受到的浮力也就越大。

历史上最有名的沉船

泰坦尼克号是一艘4.6万吨排水量的远洋定期客轮，它在第一次航行中却撞到了冰山，在短短几个小时内就沉没于北大西洋。"泰坦"指的是希腊神话中的神，象征着力量和庞大。泰坦尼克号上的装备十分豪华，并且号称是"永远不会沉没"的邮轮。

1912年4月14日晚11点40分，泰坦尼克号的瞭望员摇了三次警铃，发出警报"右前方有冰川！"可是他们发现冰川的时候已经太晚了。一块像岩石般坚硬的冰块刺进了船体，把船刺

出了一个大洞。船上的救生艇数量远远不够，大家开始四处逃生，慌乱成一片。1912年4月15日凌晨2点20分，泰坦尼克号沉入了北大西洋海底，一共有1503人失去了生命。

泰坦尼克号也许是有史以来最著名的沉船了。1985年9月1日，让·路易斯·迈克尔船长和罗伯特·巴拉德博士带领的一支科考队发现了这艘沉船，当时船只已经首尾分离，裂成了两半。船头仍然保持相对完整，而船尾则位于600米之外，已经严重受损变形。

现在，我们可以去加拿大圣约翰市参观这艘全世界最有名的沉船，还可以看到那举世闻名的船头和舰桥，那里就是史密斯船长发出最后指令的地方。

不要动我的圆！

　　阿基米德晚年，罗马军队入侵叙拉古国。阿基米德积极抵御敌人，指导同胞们制造了很多攻防武器。由他设计出的"投石机"成功地击退了攻城的侵略军；由他制造的铁爪式起重机，能把敌人的战船倒挂起来。

罗马士兵经受了一次又一次的打击后已经心惊胆战，一见到有绳索或木头从城里扔出来，他们就害怕得不行，大喊着"阿基米德来了"，四处逃散。

　　就这样过去了三年，罗马侵略军都没有进入城里。但在公元前212年，罗马侵略军趁叙拉古城的防守松懈的时机，一下子闯进城里。这时，75岁的阿基米德正在家里潜心研究深奥的数学难题，在沙盘上画了一个圆。残暴的罗马士兵闯进来，一脚踩上了他画的圆形，阿基米德悲愤地大喊："不要动我的圆！"无知的罗马士兵拔出手中的剑，朝阿基米德刺去。于是，这位科学巨星就此陨落了。

　　此后，"不要动我的圆！"成了各时代各地科学家们、工程师们维护自己从事科学技术或者创造发明的权利的一句口头禅。

潜水艇是如何潜到水底的？

潜水艇既可以浮在水面上，也可以潜到水底下。浮在水面的船要想潜到水下，必须有比浮力更大的力。我们来做一个小潜水艇，试着让它潜到水底吧。

请准备下列物品：

透明吸管　　回形针　　透明的塑料瓶　　剪刀

一起来动手：

1. 将吸管剪成20厘米左右长，在两端别上回形针。
2. 将吸管弯折，连接两端的回形针，再别上几个回形针。
3. 在塑料瓶中装满水，把吸管放进去，盖上瓶盖。
4. 两手抓紧塑料瓶，用力挤压。

1 将吸管剪成20厘米左右长，在两端别上回形针。

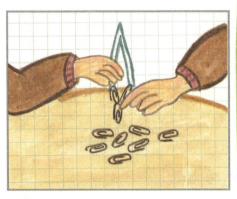

2 将吸管弯折，连接两端的回形针，再别上几个回形针。

3 在塑料瓶中装满水，把吸管放进去，盖上瓶盖。

4 两手抓紧塑料瓶，用力挤压。

实验结果：

双手按压塑料瓶，里面的水会受到挤压而充满整个塑料瓶，漂浮在水面上的吸管会因为塑料瓶内充满了水而沉到水底。松开双手，吸管会重新回到水面。

为什么会这样？

用双手按压塑料瓶的时候，水面会升高，水里的压力增大，进入吸管内的水增多，吸管会变重，自然会下沉。潜水艇应用了同样的道理，注入更多的水后会下沉，排出更多的水后会上浮。

牛顿 讲

万有引力

艾萨克·牛顿

（1642—1727）

　　牛顿出生在英格兰的林肯郡。他就是那位小时候被苹果砸了一下，长大后发现了万有引力的科学家。牛顿的发现让人们明白了为什么月亮绕着地球转，地球绕着太阳转。

艾萨克·牛顿

牛顿当然很牛啦!他不仅在物理学方面，在数学、天文学等很多学科领域都有很多新发现。

　　有一天，牛顿在苹果树下休息的时候，被掉下来的苹果砸中了脑袋。

　　牛顿看着苹果，心想："苹果为什么会向下掉到地上呢?就好像是地面有双手把苹果拉下来一样。"

　　为了找出苹果落地的原因，牛顿研究了好久好久。

　　终于有一天，牛顿发现，原来地球和苹果之间存在着某种非常重要的力，正是这种力让苹果掉到了地上。

　　小朋友们，下面我们就和牛顿一起，探索一下这种力到底是什么吧!

小民拿着纸飞机来到公园。

他用尽了全身的力气，把好不容易折好的纸飞机扔向了空中。

可是纸飞机才飞了一下，就一头栽到了地上。

"有没有纸飞机可以一直在空中飞，不会落到地上呢？"

149

这时，正在树下专心看书的牛顿朝小民走过来说：
"小民啊，你知道纸飞机为什么会落在地上吗？"

　　"不知道啊。掉下来还需要什么理由啊？"

　　"当然了，任何事情都是有原因的啊。告诉你吧，我
就是那位找出纸飞机落地原因的科学家——牛顿。"

　　"哇！"

　　小民眼前一亮，睁大了双眼看着眼前这位赫赫有名的
牛顿博士。

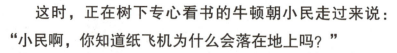

"纸飞机会落地是因为重力。"

"重力？重力是什么玩意儿？"

"重力就是由于地球的吸引而使像纸飞机这样的物体受到的向下牵引的力。正是因为地球的这种吸引，雨水才会向下滴落到地上，树叶会飘落到地上，熟了的苹果也会坠落到草地上。"

"哦，我好像明白了，纸飞机也是因为重力才会掉到地上的吧？"

"没错！"牛顿博士肯定了他的答案。

153

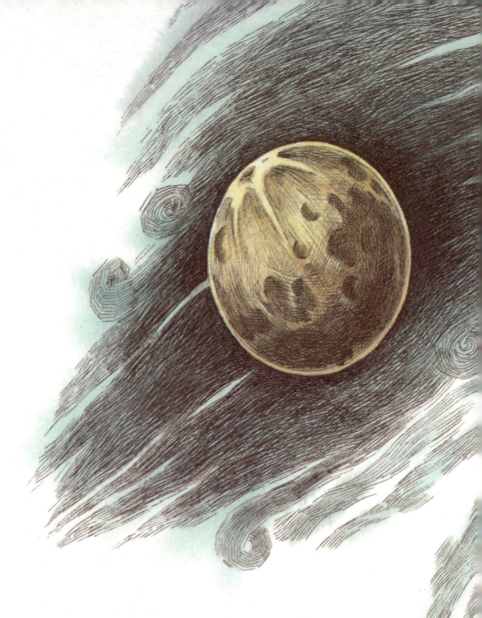

　　"地球不仅能吸引苹果、纸飞机，它还能吸引月亮呢。"

　　"真的吗？可是月亮怎么从来没有掉到过地球上啊？"

　　小民的话逗得牛顿哈哈大笑。

　　"那是因为月亮绕着地球转的同时，自身也会产生某种力。如果有一天月亮停止转动的话，它也会掉到地球上的。"

155

"牛顿博士，鸟儿为什么不会掉到地上呢？"小民指着天上飞过的鸟儿问道。

　　"你看，鸟儿在空中不停地扇动翅膀，这样也会产生向上的升力。这股升力如果大于地球吸引力的话，鸟儿就能飞到空中去了。否则，就算是鸟儿，如果不用力扇动翅膀的话，也会立刻掉到地上的。"

　　小民听了，不住地点头。

　　"我们能这样静静地站在地上，也是受到重力的影响。
地球上所有的事物都受重力的影响。"

　　小民仰头问道："地球会把所有的物体都吸引到地上吗？"

　　"准确地说是把事物朝着地心的方向吸引。我们所受到的吸
引力，和地球另一边的人们受到的吸引力是一样的。"

重量是重力的大小

　　我们常说的"重量"一词是用来描述物体重力大小的，它显示的是地球引力作用在物体上的力量的大小。物体的质量越大，受到的重力就越大。

"那么，地球对所有东西的吸引力都一样大吗？"

　　"不是的，越重的物体受到的地球吸引力越大。"

　　"牛顿博士您比我重，所以您受到的地球吸引力也比我大，对吗？"

　　"是的。"

　　"还有更多令人惊奇的科学知识，你想不想知道啊？"

　　"想啊，您快告诉我吧。"

　　"不仅地球会吸引事物，所有的物体都有吸引的力，这种力叫做引力，物体之间相互吸引的力叫做万有引力。"

　　"那就是说，我也能吸引地球了？"

　　"是的。"

　　"哇！"小民再一次惊讶地张大了嘴。

　　"所有物体都互相吸引。不止是地球上的物体，广阔的宇宙中的所有物体也一样。你还记得我们说过地球会吸引月亮吧？"

　　"记得。"小民回答得很肯定。

　　"地球不仅会吸引月亮，还会吸引太阳，但相比之下，太阳对地球的吸引力更大。

　　因为地球绕着太阳不停地转动，产生了升力，所以才不会掉到太阳上去。"

太阳吸引地球

地球和太阳保持一定的距离并围绕太阳旋转，旋转的路径叫做轨道。由于太阳的吸引力，地球无法脱离轨道随意旋转。

除地球外，还有七个行星也围绕太阳旋转，它们分别是水星、金星、火星、木星、土星、天王星和海王星。

"也就是说，地球上、月亮上、星星上都有重力，只是重力的大小不一样罢了。"

"为什么会这样呢？"

"因为他们各自的大小不同。比如月亮比地球小，所以它的重力会小一些。因此一个人如果到月球上去，受到的重力变小，就可以跳得很高，可以随意飘来飘去。"

在木星上，我的体重是在地球上的2.5倍，走起路来好累啊！

月球

木星

"重力存在于宇宙的各个角落，没有不存在重力的地方。但是当宇宙飞船飞向太空的时候，宇航员们在宇宙飞船里面是感觉不到重力的，因此我们在电视上可以看到宇航员们在宇宙飞船中飘来飘去的画面。"

　　"宇宙飞船中的所有东西都是飘浮在空中的，因此在宇宙飞船中喝水或者喝果汁的时候，一定要用吸管。"

　　小民的脑海里马上出现了果汁在船舱中飞来飞去的样子，他说："做宇航员太刺激啦！"

　　"是的。但是做宇航员也有不好的一面哦。因为没有重力，宇航员体内的血液不能正常流动，所以他们的心脏功能会变弱。"

　　牛顿博士把手放在胸前说道。

　　"如果你将来想成为宇航员的话，那可要从现在起多运动，多锻炼，有个好身体啊！普通人可是受不了的 。"

"牛顿博士，为什么会产生重力呢？"

牛顿博士听到小民的提问，笑了笑说道："重力是自然存在的，它一直都存在于我们的周围。没有人知道它为什么存在。"

　　"如果有一天重力突然消失的话，会怎么样呢？"

　　"所有的事物都会消失。如果宇宙中没有了重力，那么天上的星星会消失，我们居住的星球也会消失。换句话说，整个宇宙就灭亡了。"

重力可不能改变哦！

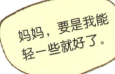

妈妈，要是我能轻一些就好了。

为什么？

这样我就能跳得老高，也能举起很重的东西了。

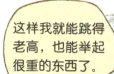

❶

我可不要在铁板做的作业本上写作业。

❹

牛顿博士和小民沿着公园的台阶一步步往上爬。

走到顶上的时候，两个人都已经累得气喘吁吁了。

"你知道为什么上台阶的时候比下台阶的时候费力吗？"

"什么事情不都是往上更难嘛！"

"其实这也是重力在作怪，向上爬的时候，重力使劲地拉着我们向下，所以我们觉得很吃力。向下走的时候，因为走的方向和重力作用我们的方向是一样的，所以我们感觉比较省力。"

正走着，路边的一棵苹果树上扑通掉下来一个大苹果。

小民捡起苹果对牛顿说："哈哈！这是地球专门从树上抓下一个苹果给博士您吃呢。"

听到这话，牛顿博士笑着抚摸着小民的头。

因为重力受到压力

我们的身体持续受到重力作用，而且身体越往上的部分，受到的压力越大。脸上的皮肤受到的压力就比腿上的肉受到的压力大，因此脸上更容易生出皱纹，这就是重力作用的结果。

循环系统和膝关节的压力最大

人体的循环系统受到的重力作用最大。循环系统指的是包括心脏在内的，制造血液和淋巴，并将它们输送到全身的器官。骨头与骨头间相连接的部分叫做关节，膝关节因为要撑起整个身体，因此受到重力作用的影响最大。

用两手撑地倒立起来，或者睡觉的时候将两脚放到高处，可以消减重力作用。

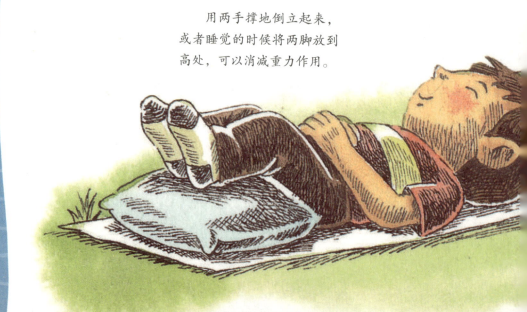

倒立是减轻重力作用的最好方法

　　减轻重力作用的最简单方法是倒立。倒立的时候，平常受重力作用影响的方向就颠倒过来了，随着身体上下部分受重力影响的方向的调转，重力施压造成的身体疲劳也就会随之消除了。

潮涨潮落因重力而生

地球和月球相互吸引。因为地球的体积和重量要比月球大得多，所以地球的重力也就大得多。正是在这种重力的吸引下，月球不停地绕着地球转。我们可以通过一些自然现象证实这一点哦！让我们从海水的涨潮与退潮来观察月球对地球产生的吸引力。

月球吸引海水

海边的海水每天有一次涨潮、一次退潮。海水朝着陆地方向涌过来称为涨潮，海水朝着大海方向退回去称为退潮。之所以会有涨潮和退潮，是因为月球吸引海水的缘故。这样的现象用更专业的说法叫做潮汐现象。

退潮时，海水迅速退去，露出海滩。这时候我们就可以捡贝壳、抓螃蟹啦。

涨潮时，海水会迅速涨上来，我们要赶快离开海滩。

小书桌

所有的东西都向下沉

　　我们在前面接触了有关地球和月球的知识，以及重力的相关内容。从这些知识中我们会明白，重力对自然和宇宙的和谐相处可是立了大功呢！

地球转起来并不难

地球一边自转，一边在宇宙中移动。但是地球实在是太大了，所以我们根本感觉不到它在移动。我们在承受着被拉向地心方向的重力的同时，自己也在跟着地球转动，因此我们也感觉不到地球的转动。

地球以自转轴为中心不停地旋转，转一圈的时间大约为24小时。

重力的大小·随着物体所处位置的不同而不同

地球上不同地方的重力大小也不同。如果我们在天空中称体重的话，你猜结果会怎样呢？应该会比在地上称要轻。因为在天空中受到重力的影响要比在地上小。那么赤道和两极附近相比，哪里的重力更大呢？我们观察一下地球仪就会明白，地球是一个两极稍扁、赤道微鼓的椭圆体。两极比赤道离地心更近，因此两极的重力会更大。

利用肌肉的力量可以跳起来

因为受到地球的吸引力，我们不管多用力地向上跳跃，最终还是会落到地上。不过在肌肉的力量的帮助下，我们的身体能保持向上直立而不至于摔倒。要想让身体持续直立，我们就要保证肌肉的力量比地球的吸引力大。

肌肉力量的大小决定人跳跃的高度。

生活中的牛顿博士

吹肥皂泡

　　牛顿小时候最喜欢吹肥皂泡了，用蒲公英的茎条吹个大大的泡泡，然后迎着太阳看过去。哇，肥皂泡五彩缤纷的，特别漂亮！

　　有一天，牛顿问正在地里干活的爸爸："爸爸，您看这些肥皂泡在阳光下真好看，有好多种颜色呢！"

　　"这有什么稀奇的，肥皂泡就是这样的。"

　　"是不是阳光有好多种颜色啊？"

　　"肥皂泡跟太阳光有什么关系？太阳光就是白色的啊！不要玩了，快去干活！"

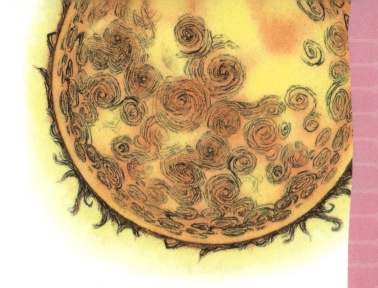

　　"嗯……我要好好想想。"

　　回到家以后，牛顿开始着手准备，打算自己来做实验。

　　牛顿收集了许多玻璃片，他认为肥皂泡就是一个个空心的玻璃球，所以，太阳光照射在玻璃上，也应该出现漂亮的颜色啊！

　　牛顿一边吹着肥皂泡，一边拿着玻璃片翻来覆去地看。可是，他一连换了好几块玻璃片，也没有出现许多颜色。而阳光下的肥皂泡，却仍然五彩斑斓。牛顿更加迷糊了："哪里出了问题？"

　　牛顿想了很久还是没有答案，有点着急了，这时他手边有一块三棱形的玻璃，他拿起来对着阳光一晃，奇迹出现了！三棱形玻璃上出现了和肥皂泡一样的五彩的光。肥皂泡的色彩闪烁不定，三棱形玻璃上的色彩更稳定，而且还是一条一条的。牛顿急忙数了起来："啊，有红橙黄绿青蓝紫七种颜色呢！"

　　就这样，牛顿从普通的肥皂泡上获得启示，经过后来的实验和探索，终于发现了一条十分重要的原理——太阳光中多个颜色的光会聚合到一起，也会各自分离出来。

煮怀表

牛顿做事非常专心，忙起来就忘了其他的事情。有一次，牛顿的保姆老奶奶要给牛顿煮鸡蛋吃，但是临时有事要出去，就把鸡蛋放在桌子上说："先生，我出去买东西，您有空把鸡蛋煮了，水我已经烧好了！"

牛顿正在专心地计算，他头也不抬就答应了。保姆老奶奶回来以后问牛顿煮鸡蛋了没有，牛顿头也不抬地回答："煮了！"老奶奶掀开锅盖一看，又好气又好笑：锅里煮的哪是鸡蛋啊，明明是一块怀表！原来牛顿忙着计算，看都没看就把怀表扔到了锅里。

怀表

鸡蛋

牛顿博士这样说：

如果我看得远，那是因为我站在了巨人的肩上。

你若想获得知识，你该下苦功；你若想获得食物，你该下苦功；你若想得到快乐，你也该下苦功，因为辛苦是获得一切的定律。

我不知道世人怎样看我，但我自己以为我不过是一个在海边玩耍的孩子，不时为发现比寻常更为美丽的一块卵石或一片贝壳而沾沾自喜，至于展现在我面前的浩瀚的真理海洋，却全然没有发现。

实验室

增加乒乓球的重量，观察其重力的变化

我们的身体虽然受到重力的作用，但是因为身体本身有调整平衡的能力，所以我们可以站得很稳，不会摔倒。但是当我们提着重物的时候，身体会不由得向重物的方向倾斜，难以平衡重心，因为这个时候我们受到的重力发生了变化。下面让我们通过外表均匀光滑的乒乓球来观察一下重力的原理。

请准备下列物品：

乒乓球   笔   图钉3个

一起来动手：

1. 将乒乓球扔到地上，观察乒乓球运动的轨迹。

2. 用笔在乒乓球上做上标记，在标记处钉上一个图钉。

3. 再次把乒乓球扔到地上，观察其运动的轨迹。

4. 在第一次钉图钉位置的另一面钉上两个图钉，重新观察乒乓球运动的轨迹。

1 将乒乓球扔到地上，观察乒乓球运动的轨迹。

2 用笔在乒乓球上做上标记，在标记处钉上一个图钉。

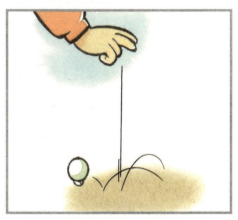

3 再次把乒乓球扔到地上，观察其运动的轨迹。

4 在第一次钉图钉位置的另一面钉上两个图钉，重新观察乒乓球运动的轨迹。

实验结果：

将没有钉图钉的乒乓球扔到地上，乒乓球会到处跳来跳去，最后停下来；钉上一个图钉后，乒乓球跳动得慢一些，然后在钉上图钉的地方着地时停下来；钉上两个图钉后，球很难跳起来，然后在钉了两个图钉的地方停下来。

为什么会这样？

圆圆的光滑的乒乓球每个面受到的重力相同，所以掉到地上的时候会到处乱蹦。钉上图钉以后，钉了图钉的一面受到的重力更大。如果在乒乓球的另外一面钉上两个图钉的话，钉两个图钉的一面受到的重力更大。

法拉第讲

摩擦力

迈克尔·法拉第

（1791—1867）

　　法拉第出生在英国的纽英顿，是著名的物理学家。他提出了物体摩擦时产生的电力与其他电力性质相同的理论。法拉第不仅是位杰出的物理学家，还是位擅长科学讲演的演说家，他能够把枯燥难懂的科

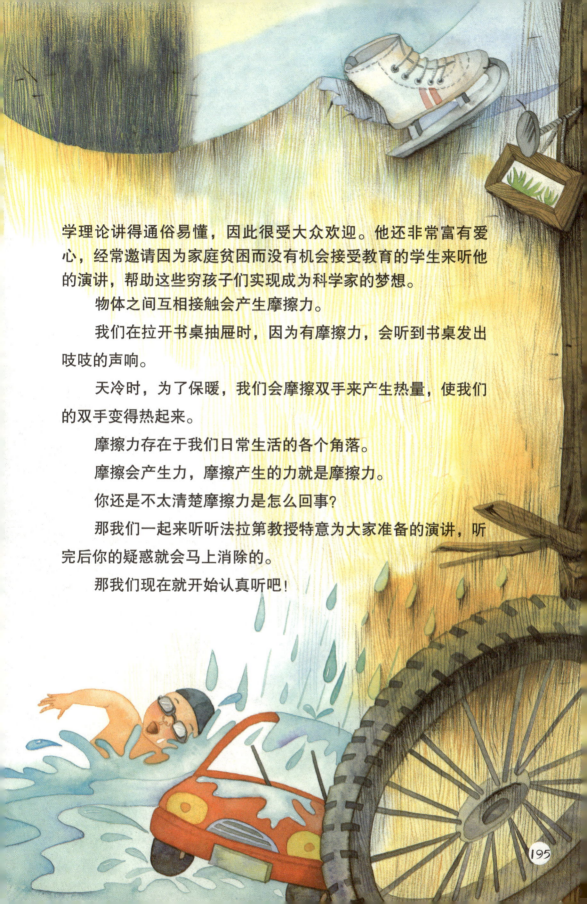

学理论讲得通俗易懂，因此很受大众欢迎。他还非常富有爱心，经常邀请因为家庭贫困而没有机会接受教育的学生来听他的演讲，帮助这些穷孩子们实现成为科学家的梦想。

物体之间互相接触会产生摩擦力。

我们在拉开书桌抽屉时，因为有摩擦力，会听到书桌发出吱吱的声响。

天冷时，为了保暖，我们会摩擦双手来产生热量，使我们的双手变得热起来。

摩擦力存在于我们日常生活的各个角落。

摩擦会产生力，摩擦产生的力就是摩擦力。

你还是不太清楚摩擦力是怎么回事？

那我们一起来听听法拉第教授特意为大家准备的演讲，听完后你的疑惑就会马上消除的。

那我们现在就开始认真听吧！

每年圣诞节，法拉第教授都会为孩子们作一次科学演讲。

每次演讲都吸引很多小听众。

"各位小朋友们，圣诞节快乐！"法拉第教授高兴地挥手和大家打招呼。

孩子们也高兴地向他问好："圣诞快乐！"

"我们知道，物体与物体接触时会和双手摩擦时一样产生摩擦力，今天演讲的主题就是摩擦产生的力——摩擦力。"

听到这儿，人群中有几个孩子似懂非懂地点了点头。

"首先，我们来一起做一个有趣的实验好不好？"

　　听到做实验，孩子们立刻来了劲儿，一个个睁大了眼睛，充满了期待。

　　"首先，我来滚动一个球，大家注意观察，看球是怎么运动的。"

　　孩子们眼睛一眨也不眨地盯着球看。

　　"球滚着滚着就停下来了，它为什么会停下来呢？因为球与地面接触，会产生摩擦，有摩擦就会产生阻碍物体运动的力，这种力就是摩擦力。你们大声告诉我，这是什么力？"

　　"摩擦力！"孩子们异口同声地回答道。

"我们再来做一次滚球的实验吧。一个球放在木板表面滚，一个放在沙子上滚。"

法拉第教授开始在不同的表面上滚球。

孩子们睁大眼睛，仔细盯着这两个球。

"大家说是木板上的球滚得快，还是沙子上的球滚得快呢？"

"木板上的球滚得更快。"

"答对了！球在木板表面滚得很快，但是在沙子表面就不好滚动了。这是因为沙子表面的摩擦力更大。"

土路和石头路上的摩擦力很大，汽车和自行车很难在这样的路上行驶。

　　"那应该怎么办呢？"一个扎着两条羊角辫儿的小女孩大声问道。

　　"这种路上的摩擦力太大，所以行驶起来很困难。我们解决的办法就是想办法减小摩擦力。我们只要让路面变得更加平滑，就可以减小摩擦力。在路上铺一层柏油，再压平整，路面就会变得更加光滑，汽车就可以在柏油路上飞快地行驶啦。"

法拉第教授踱步到了窗边，问道："窗户开关费劲的时候，我们怎么办？"

"要在窗户缝上抹点蜡烛。"一个戴着黄色帽子的男孩有点害羞地回答道。

"是的，在窗缝上抹上蜡烛可以使窗子开关更加灵活，因为蜡烛使得窗缝间变得光滑，减小了摩擦力。"

法拉第教授从衣服兜里掏出蜡烛，擦在窗缝间，这样一来，开窗关窗就更加轻巧和安静了。

"除了蜡烛，机油也能使摩擦力变小。机器运转不太灵活的时候，可以滴些机油减小摩擦力。"

汽车依靠引擎发动的力运行。引擎是汽车非常重要的组成部分。人们会给引擎涂些机油来提高引擎的性能。引擎机油可以减小各部件之间的摩擦力。

"如果摩擦力太小，也会出现问题。当我们在雪地上行走时，雪地里的摩擦力太小，所以行走起来变得非常困难。"

　　"原来如此！"

　　"如果想让雪路不那么滑，好走一些，该怎么办呢？"

　　"应该加大摩擦力。"坐在最前面的男孩子充满自信地回答。

　　"是的，这个时候需要加大摩擦力。在雪地里撒上土或者沙子，可以加大摩擦力，防止人们因路面太滑而跌倒。浴室中有水，所以地面也会很滑。有的人特意在浴室里铺上木板来防止滑倒。"

天气冷的时候摩擦力会加大

　　滑雪是冬日里很好的运动，但是如果天气太冷，摩擦力反而会加大，不利于滑雪。因为雪被冻得太冷太硬，不易融化。所以，比起特别冷的天气，1~2摄氏度的气温更适合人们外出滑雪。

"不过，摩擦力小也有很多好处。我们可以在光滑的冰面上溜冰，在雪地上滑雪。"

　　"哇！"孩子们都想象着滑雪和滑冰的场景，高兴得不得了。

　　"滑雪板和雪接触，雪会融化成水，摩擦力随之变小，滑雪板就会前行了。滑雪板的背面光滑而且窄长，所以很容易在雪地上滑行。"

"摩擦力小的话，一些很困难的事情也会变得容易。滚动物体时的摩擦力比推动物体时要小得多。很久以前，人们就知道用圆柱形的木头垫在物体下，来帮助移动重物，后来人们在此基础上发明了车轮。"

　　孩子们听得津津有味，不住地点头。

"车轮在人类的发展史上发挥了重要的作用。古时候的亚细亚能够建立起强大的国家，最重要的原因就是他们拥有当时最为先进的武器——配有大车轮的战车。可以说，车轮承载着人类文明走上了更快的发展轨道。车轮是人类文明史上最重要的发明之一。"

213

车轮上有花纹

为了安全起见，车轮上必须有花纹。下雨的时候，水先进入车轮的凹槽里，之后随着车轮的转动，水就排到了车轮的后面和两侧，这样就增加了车轮的摩擦力。汽车在光滑的雪地上行驶，车轮上的花纹更是至关重要。根据车的用途和当地气候的不同，车轮上的花纹会稍有不同。

车轮上有花纹

"没有摩擦力，车轮就没法正常转动。下雨天汽车事故会变多，也是因为水使路面的摩擦力变小的缘故。"

　　"原来如此！"

　　"在下雨天开车或者骑自行车时要特别小心，路面有水的时候，路会变得很滑。"

"我们在水中游泳的时候奋力挥动手臂向前，也会产生摩擦力。摩擦力越大，往前游的难度越大。要是想在水中移动得更快的话，应该怎么办？"

　　"应该减小摩擦力。"一个大眼睛的小姑娘回答道。

　　"想在水中减小摩擦力，就要减小身体与水接触的面积。泳衣和泳帽都能帮助我们减小身体与水的接触面积。"

游泳衣一般都是用非常光滑的材料制成，目的就是减小在水中的摩擦。

"鱼的身体构造最大限度地减小了摩擦力，有利于它们在水中游动。鱼的身体曲线是流线型的，鸟儿的身体也是流线型的。鸟儿的身体与空气接触时也会产生摩擦力。"

"哇，好神奇啊！"

摩擦力的保护作用

妈妈，雨滴是从很高的地方落下来的，但是打到身上，我们也没有感觉到疼。

那是因为雨滴和空气之间有摩擦力。

摩擦力？

❶

是的，水滴和空气之间的摩擦力减小了水滴下落的速度。

空气

空气

空气

❷

如果没有摩擦力的话，每次下雨，大家都要躲进防空洞了。

原来是这样。谢谢你，摩擦力！

"教授，如果摩擦力不存在的话，我们的世界会变成什么样呢？"坐在最前面的男孩问道。

　　"没有摩擦力的话，衣服也穿不上，鞋子也穿不上。所以，我们不能说'消失吧，摩擦力！'"

　　"为什么呢？"

　　"没有摩擦力的话，所有东西都会变得异常光滑。别说跑步了，我们连路都走不了。不能钉钉子，不能抹泥，也不能盖房子。摩擦力在生活中是必不可少的。"

　　"确实是啊。"

"今天的演讲就到这里了。祝大家圣诞节快乐！"

"谢谢法拉第教授。"孩子们非常有礼貌地向教授道谢。

"教授，下雪了。"一个戴着羊毛帽子的女孩看着窗外说。

"现在外面摩擦力小，可以出去滑雪了。"

"教授，和我们一起出去玩吧。"

法拉第教授和孩子们一起出去滑雪，打雪仗，度过了非常愉快的一天。

孩子们欢快的笑声直冲云霄。

流星产生于摩擦力

物体会因为摩擦力而磨损和消失，在地上如此，在天上也是如此，因此在天上也会发生物体磨损消失的现象。物体在天上瞬间磨损消失，会产生耀眼的火花。

流星是天体碎片受到地球的吸引，冲入大气层而产生的发光现象。

在天空中燃烧

宇宙中漂浮着各种碎片。这些碎片有时会掉落在地球上。碎片掉落的速度非常快，因此产生的摩擦力也非常大，从而产生了流星。有的星际碎片在燃烧之前掉到地面上，这些碎片叫做陨石。陨石掉落到地球上时，会在地上砸出很深的坑。

昆虫通过摩擦力发出声音

在炎炎夏日，昆虫们非常活跃，我们在山林间、田野里随处可以听到它们快乐的歌唱。有一些昆虫就是利用摩擦力来发出持续的声音的。

摩擦身体

身体某些部位比较坚硬的昆虫通过摩擦来发出叫声。身体的一部分充当摩擦板，另一部分负责摩擦。每种昆虫摩擦的部位不太一样，有的昆虫用翅膀相互摩擦，有的昆虫通过摩擦腿和翅膀来发出声音。

蟋蟀在吸引雌性交配或者警告其他雄性的时候发出声音。

蜜蜂的翅膀很薄，而且扇动的频率很快，所以我们基本上看不清它的运动，但是它会与空气摩擦发出声音。

快速扇动翅膀

蚊子的翅膀每秒钟扇动几百次，它的翅膀和空气发生摩擦时发出嗡嗡的声音，声音大得甚至可以在半夜把人吵醒。蜜蜂也是在扇动翅膀的时候与空气摩擦发出嗡嗡的声音。蜂鸟和直升飞机等也以同样的原理发声。

摩擦力能使物体静止下来

　　一般情况下，摩擦力的方向与物体运动的方向相反，阻止物体运动。但是，摩擦力在其他很多地方也会起到积极的作用。

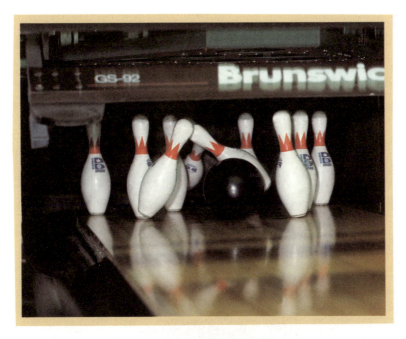

保龄球要在非常光滑的球道上滚动，而保龄球选手则
会在手上擦粉以增大和保龄球接触面的摩擦力。

每个物体的摩擦力不同

摩擦力是妨碍物体运动的力，正是它使得物体不
能持续向前进。物体表面越粗糙，其产生的摩擦力就
越大，反之，表面越光滑，摩擦力越小。物体越重，
摩擦力越大，因为物体越重意味着向下压的力就越
大。运动的物体受到的摩擦力比静止的物体要大。圆
形的滚动物体受到的摩擦力比较小。

摩擦生热

两手相互摩擦，手会变热，因为摩擦力变大可以产生热量。因此，机器不停地运转，就会产生热量，有时甚至会使零件着火。原始时代人们利用木棍相互摩擦来生火。

根据需要调整摩擦力

如果我们想要快速移动的时候就要减小摩擦，想要静止下来的时候就要增大摩擦力。摩擦力与安全有关。鞋底和车胎都做得粗糙不平，就是为了增大摩擦力，以便在快速运动的过程中可以迅速停下来。另外，在本子上写字或者与朋友拉手的时候，都需要摩擦力。

淡泊名利的法拉第

　　法拉第的生活非常简朴，不管是吃饭还是穿着都非常简朴。有人到皇家学院实验室做实验时，还以为他是守门的老头。1857年，皇家学会学术委员会多次想要聘请他担任皇家学会会长，但是他一再婉言谢绝："我是一个普通人。如果我接受这个荣誉，那么我就很难保证自己的诚实和正直。"后来，皇家学院想要他来做院长，他又拒绝了。当英国王室准备授予他爵士称号时，他说："我已经习惯了自己的平民身份，不想变成贵族。"他的好友对此做了很好的解释："在他的眼中，宫廷的华丽，和高原上面的雷雨比较起来，算得上什么？皇家的一切器具，和落日比较起来，又算得上什么？之所以拿雷雨和落日比较，是因为法拉第对这些现象有着特殊的情感。对于他这样的大科学家，世俗的荣华快乐压根没有什么价值。""当他面对一方面可以得到十五万镑的财产，一方面是完全没有报酬的学问这样的选择

时，他毫不犹豫地选了第二种，终生清贫简朴。"面对数不清的荣誉，他依然怀揣对科学的深厚感情，对金钱和地位不屑一顾。1867年8月25日，法拉第逝世。按照他的遗愿，墓碑上只刻有他的名字和出生年月。

法拉第这样说：

我承认有些荣誉很有价值，但我从不会为追求这些荣誉而工作。

科学家不应是个人的崇拜者，而应当是事物的崇拜者。真理的探求应是他唯一的目标。

对于事实，除非亲眼目睹，否则我不会相信。

拼命去争取成功，但不要期望一定会成功。

希望你们年轻的一代，也能像蜡烛那样，有一分热，发一分光，忠诚而脚踏实地地为人类伟大的事业贡献自己的力量。

轮子能减少多少摩擦力？

在轮子发明以前，人们在运送重物的时候，都在地上铺上圆木，把重物放在圆木上滚动着向前走。圆木可以帮助减小摩擦力，为搬运工节省不少力气。

下面就让我们借助铅笔和弹力很好的橡皮筋来观察一下摩擦力的差异吧。

请准备下列物品：

| 圆形铅笔 | 橡皮筋 | 订书机 | 尺子 |

实验步骤：

1.打开订书机，将橡皮筋套进去，然后合上订书机。

2.拉橡皮筋，订书机刚要开始移动的时候，用尺子量一下橡皮筋拉长的距离。

3.在订书机下均匀铺上铅笔。

4.拉橡皮筋，订书机刚要开始移动的时候，用尺子量一下橡皮筋拉长的距离。

1 打开订书机，将橡皮筋套进去，然后合上订书机。

2 拉橡皮筋，订书机刚要开始移动的时候，用尺子量一下橡皮筋拉长的距离。

3 在订书机下均匀铺上铅笔。

4 拉橡皮筋，订书机开始移动的时候，用尺子量一下橡皮筋拉长的距离。

实验结果：

拉动套在订书机上的橡皮筋，随着橡皮筋拉长，订书机会开始移动。在订书机下面铺上铅笔时拉动橡皮筋，橡皮筋拉长的长度会缩短。

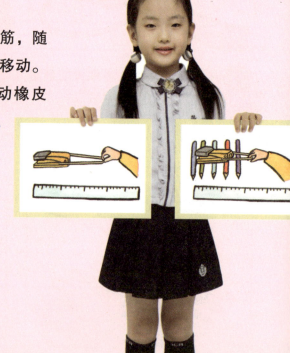

 为什么会这样?

在地上拉动物体时，物体会受到与拉动方向相反的摩擦力。通过橡皮筋的长度可以知道摩擦力的大小。在订书机下面铺上铅笔后拉动橡皮筋，摩擦力变小，橡皮筋拉伸的长度缩短。此时铅笔起到的作用与轮子类似。

伏特 讲

电灯

亚历山德罗·伏特

（1745—1827）

　　伏特出生在意大利科莫，是最早发明电池的物理学家。除了电池，他还发明了测量物体是否有电的探测器。伏特的一系列发明使电学研究上升到了一个崭新的高度。

亚历山德罗·伏特

因为这些卓越的贡献，伏特获得了好多奖项，1794年，英国皇家学会给他颁发了科普利奖章，1801年，法国国王也给他颁发了特制金质奖章。

如果没有了电，你能想象出我们的生活会变成什么样子吗？电视打不开，我们无法观看有趣的动画片，冰箱不制冷，无法冷藏我们爱吃的雪糕，电饭煲做不了香喷喷的米饭，地铁也不能带我们去我们最爱去的动物园。生活简直太无趣了！

到了夜晚，四周一片漆黑，你会怎么办呢？

只要有电，我们只需轻轻按下开关，电灯就会照亮整间屋子，一家人还可以围坐在电视机旁，乐呵呵地度过愉快的晚间时光。

窗外，一根根电线若隐若现，互相连接，不知伸向何处。而顺着电线进入千家万户，为我们的生活带来众多便利的"主角"，就是电。

好，下面就让我们和伏特老师一起，去认识一下生活中必不可少的电吧！

　　小粉特别喜欢科学，尤其喜欢做实验。

　　今天在科学小教室里，小粉做了一个将电池和电灯泡相连，从而点亮电灯泡的实验。

　　回到家，小粉又试着做了一遍实验。虽然实验成功了，但她还是搞不清楚电究竟是如何进入电灯泡的，于是她决定给伏特老师写一封信。

伏特老师：

　　您好！

　　我是小粉，我特别喜欢科学。

　　今天我们做了关于电的实验。我觉得把电池和电灯泡相连，电灯泡就会发光可真是一件神奇的事情。

　　可是电是怎么进入电灯泡里的呢？我想知道更多关于电的知识。您能告诉我吗？

　　期待着您的答复！

　　　　　　　　　　　　　　　小粉 敬上

未来的科学家小粉：

　　你好！

　　我是伏特。很高兴收到你的来信。

　　要想把电引入电灯泡，需要将电池的两端与电灯泡两头的灯丝相连。

　　但是如果电灯泡里的灯丝断了，电就无法通过，灯泡也就亮不了了。

　　　　　　　　　　　　伏特老师

玻璃罩

灯丝

铜片

螺旋套

电灯泡构造图

伏特老师：

    您好！

    没想到这么快就收到了您的回信，我当时开心得叫出了声。

    现在我知道电是如何进入灯泡的了。非常感谢您。

    今天我把我的玩具火车拿出来玩儿，没想到火车走着走着突然就不动了。妈妈说那是因为火车里的电池用完了。

    老师，为什么电池用完了就不能继续使用了呢？

                            小粉 敬上

小粉：

你好！

电池是一种装载电的装置，玩具里的电池电量如果耗尽了，也就无法再使用了，只能扔到垃圾箱里。

不过有一种电池是可以充电后反复使用的，比如手机或笔记本电脑里的电池，都是可重复使用的电池。

给电池充电，需要充电器。

把电池放在充电器里，将充电器和插座相连，过一段时间后，电池充满就可以继续使用了。

一次性电池

充电电池

像干电池那种无法重复使用的电池

充电后还能继续使用的电池

插座后面有电线。

插头将电线和充电器连在一起，但是如果停电了，将插头插入插座也没有用。

如果电线的某个地方断开导致电流无法通过，那么就会停电。不过有时候也会因为雷电造成停电。

停电以后，我们家里所有的灯都无法打开，家用电器也会停止工作。

伏特老师

伏特老师：

　　您好！

　　感谢您的详细说明。

　　老师，今天我们用两节电池做了实验。

　　一开始我把电池装错了，吓了我一跳。因为我把两节电池凸出来的那头对在一起了，后来一看灯泡不亮，就又掉个头，把凹进去的两头对在了一起，可灯泡依然不亮。

　　直到最后，我把其中一节电池反过来，把凸出来的一头和凹进去的一头对在了一起，灯泡才亮了。

　　对了，我发现这次的灯泡比上次要亮，是因为装了两节电池的缘故吗？

小粉　敬上

255

小粉：

　　你好！

　　看来你非常喜欢做实验。

　　电池凸出的那一端是正极，凹进去的一端是负极。

　　两节电池相连，必须将正极和负极连在一起才行。

　　另外，就像你说的，两节电池与一节电池相比，电力会更强劲。如果是三节电池，就会比现在还亮很多。

　　把电池一个一个地按顺序头尾相连，叫做串联。

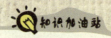
又发光，又发热

电池、电线和电灯泡相连，电会顺着电线一直传输到有灯丝的地方。电粒子与灯丝相遇，电灯泡就亮了。由于电粒子不断地与灯丝碰撞，因此还会产生热量。如果电灯泡点亮的时间过长，灯丝还会因温度过高而熔化、断裂。

串联

指2个以上的电池首尾相连。

257

不过，虽然多个电池相连，但进入电灯泡里的电流与使用一个电池时是一样的。

把多个电池的正极和正极相连，负极和负极相连，最后再统一连接到电灯泡的正极和负极上的连接方式叫做并联。

并联的方式可以延长电池的使用寿命。

伏特老师

并联

    指2个以上的电池头头
相接，尾尾相连。

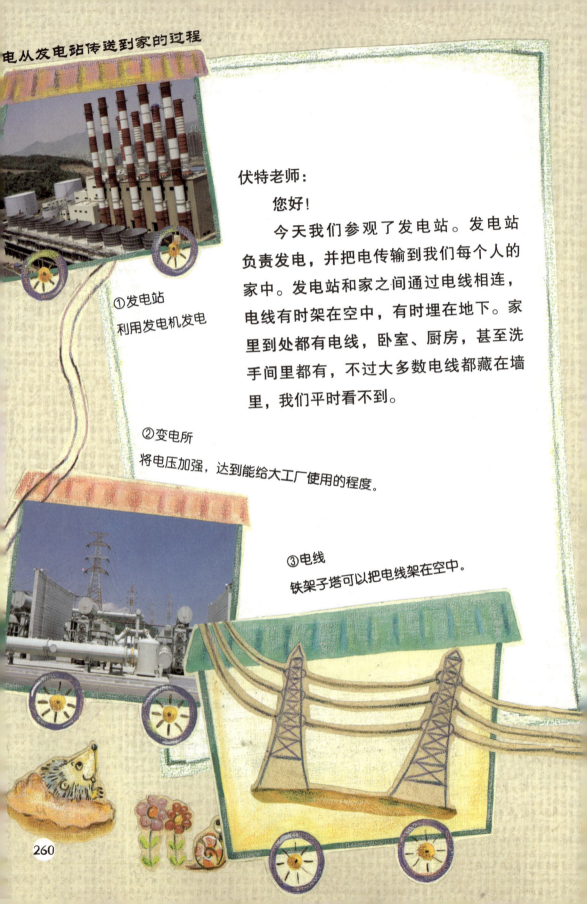

①发电站
利用发电机发电

伏特老师:

您好!

今天我们参观了发电站。发电站负责发电,并把电传输到我们每个人的家中。发电站和家之间通过电线相连,电线有时架在空中,有时埋在地下。家里到处都有电线,卧室、厨房,甚至洗手间里都有,不过大多数电线都藏在墙里,我们平时看不到。

②变电所
将电压加强,达到能给大工厂使用的程度。

③电线
铁架子塔可以把电线架在空中。

⑦家庭

电最终进入千家万户。

⑥变压器

　降低电压，达到家庭和办
公室可以使用的电压标准。

⑤电线

　从长电线中分离出短电线。在
一些大的城市，电线还会埋在地下。

④变电所

将电压降低，以便小型工厂使用。

开关是电线断开的地方。

打开开关，电线断开的地方就会连接在一起，这样电流就能顺利通过。

如果关上开关，电线会再次断开，电流也就无法通过了。

这些都是在发电站工作的叔叔告诉我们的。

今天我过得好开心哦！

小粉 敬上

小粉：

你好！

你今天的参观活动真是一次有意义的体验啊。

发电站能产生各式各样的电能。这些电能通过电线，传送到需要用电的地方。

变电所具有调节电压的功能。它可以将电能变大或变小，比如，如果要把电输送给大工厂使用，那么就把电能变大，但如果要输送到家庭或办公室中，就需要把电能变小。电能的强弱叫做电压，用"V"，也就是"伏"来表示。

这个是110伏的。

一般家庭中使用的电压为110伏或220伏。你可以找找看家里的家用电器都是多少伏的。

伏特老师

插口

插头

265

带电的南瓜

爸爸，最早发明电的人是谁啊？

公元前600年左右，的哲学家泰利斯用抹拭琥珀的时候，惊奇现被摩擦过的琥珀能附灰尘。

来一碗美味的南瓜粥吧！

琥珀是宝石的一种。泰利斯擦拭琥珀是为了使琥珀看上去更亮更好看。擦拭后的琥珀带电，能吸附灰尘等轻小的物体，这种电就叫做静电。

伏特老师：

您好！

我仔细观察了家里的各种电器，发现真的都标着220伏呢。

而且，我现在才发现家里需要用到电的电器可真多啊，有电视、收音机、电脑、冰箱、电扇、微波炉、电饭煲……如果没有电，我的生活就太不方便了。看不了电视，听不了音乐，屋子里也黑漆漆的一片，晚上什么都做不了。

有电的日子可真幸福呀！

小粉 敬上

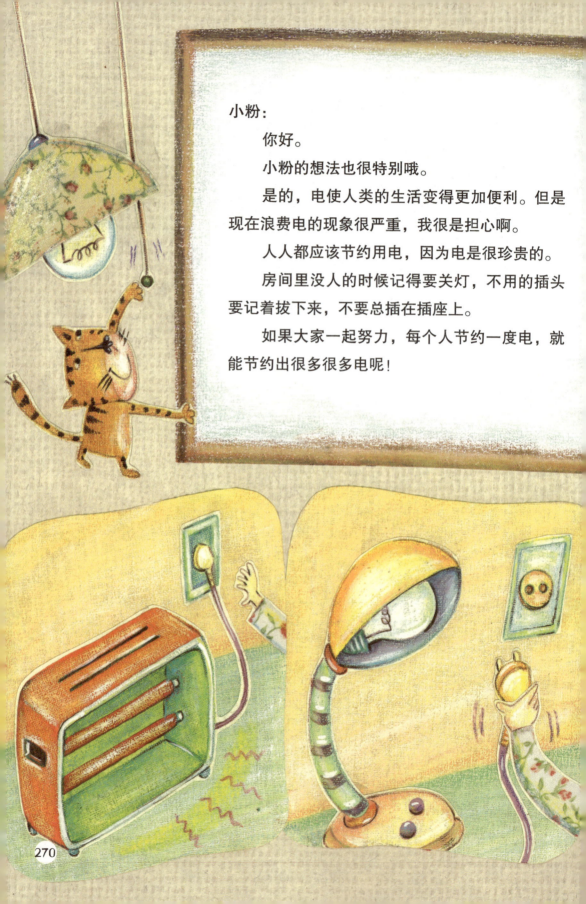

小粉:

　　你好。

　　小粉的想法也很特别哦。

　　是的，电使人类的生活变得更加便利。但是现在浪费电的现象很严重，我很是担心啊。

　　人人都应该节约用电，因为电是很珍贵的。

　　房间里没人的时候记得要关灯，不用的插头要记着拔下来，不要总插在插座上。

　　如果大家一起努力，每个人节约一度电，就能节约出很多很多电呢！

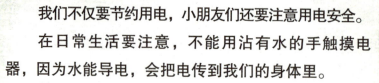

我们不仅要节约用电，小朋友们还要注意用电安全。

在日常生活要注意，不能用沾有水的手触摸电器，因为水能导电，会把电传到我们的身体里。

电一旦进入人体就会非常危险。

一个插座上插过多的电器也有一定的危险。

如果同时使用这些电器，会导致电流过强而引发事故。

小粉，如果你以后有问题，可以随时写信给我，我非常高兴为你解答问题。

伏特老师

拉电闸

电造成的事故往往有很大的危险性，所以在电流过强时，电闸会自动落下，进行断电保护。电闸内部的金属在遇到过大电流时会弯曲，因此会导致停电。很多家用电器也采用了相同的原理来防止电器过热。

爱迪生发明了电灯泡

电灯泡是我们生活中的必需品。我们无法想象没有电灯泡的世界会是怎样的。爱迪生发明电灯泡之后，当人们第一次看到灯泡光芒四射时，都大吃了一惊。

用竹子做灯丝

要说人类历史上最卓越的发明家，那么非美国的托马斯·爱迪生（1847~1931）莫属了。他一生共获得了超过1000种发明的专利。电灯泡就是爱迪生发明的。最初他用许多种金属做灯丝，却一直都没能成功。后来他选择用竹子做灯丝，灯泡一直亮了40个小时，后来又经过反复实验，终于发明了我们现在的电灯泡。

爱迪生出身贫寒，小时候靠卖报纸为生，但他并没有放弃自己的梦想。他为世人留下的一句经典的名言——"天才是99%的汗水加上1%的灵感"——激励了无数人。

中国最早使用电灯的地方

在中国，最早使用电灯的地方是上海的租界。清光绪八年（1882年），英国人李德立氏提出开办电气公司的申请，不久就得到当时公共租界工部局的批准。根据资料记载，电气公司成立后，第一批安装电灯的地方包括虹口招商码头和外滩公园等地，共安装了15盏电灯。7月26日下午7点，15盏电灯同时点亮。第二天，上海各大报刊都在显著位置报道电灯发光的消息，在全国引起了巨大轰动。从这一天开始，中国也亮起电灯啦！

鱼会发电

　　动物们为了躲避天敌，都有自己的生存智慧，有很多种可以保护自己的方式。有的动物凭借庞大的体格和非凡的力气，有的依赖敏捷的动作，还有的会变色，还有一些神奇的鱼，靠发电来保护自己。

　　电鳐在感到危险时会放电。电鳗主要生活在南美洲亚马逊河和圭亚那河。

用电保护自己

　　会发电的鱼有电鳐、电鲇和电鳗等。这些鱼的身上都带有发电的机关。这些鱼的体内带电，所以当物体靠近它们时就会受到电流的冲击。不过它们大都只在感到威胁时才会放电，因为经常放电会消耗它们自身的体力。电鳗在亚马逊河中生活，身长达到两米。那里的人们在河里洗澡或过河时，都会先查看是否有电鳗出没，因为遇到它们是非常危险的事。

电会流动，也会停止

电的发明大大地方便了人们的生活。下面，我们一起了解一下电的特性和安全用电的方法吧。

流动的电流

电分为正极和负极。接通正负极，电流就会流动。电通过电线发光、发热和发声。冬天梳头时，头发会吸在梳子上，手碰到金属好像被刺了一下，这些都是由于电造成的。这种电叫作静电。物体之间相互摩擦，就会产生静电，比如风吹过云朵时就会产生静电，闪电就是汇集了很多的静电一下子释放出来的结果。

导电的物体

金属导电

电在不同物体中流动的顺畅程度不同。由于金属具有很好的导电性，所以常被用来做成电线。相反，树木、玻璃或橡胶就很难导电，所以电线的外面常用橡胶包裹起来，防止电流外泄。此外，橙子、盐水也具有很好的导电性，将电线与橙子或盐水相连，电灯泡也能被点亮。

人体也可以导电，所以我们要注意用电安全。

不导电的物体

注意电压

　　仔细观察电池，会发现电池上标有"1.5伏"、"9伏"等字样，这就表示电压的大小。电压可以根据需要进行调整，将其升高或降低。家用电器的电压一般为220伏或110伏。如果电压为220伏的电器连接在电压是110伏的插座上，电器就无法启动。相反，如果把220伏的电压加在110伏的电器上，电器有可能因电压过高而爆炸。因此我们在使用电器时，一定要先确认电压，再插插座。

安全用电

小朋友用电时一定要注意哦!

1、学会看安全用电标志。

红色标志:用来表示禁止、停止的信息。看到红色标志,小朋友们一定要提高警惕。黄色标志:提示我们要注意危险,如"当心触电"、"注意安全"等。

2、知道电流通过人体会造成伤亡。

凡是金属制品都是导电的,千万不能用这些工具直接与电源接触。如:不用手或像铁丝、钉子、别针等导电的金属制品去接触、探试电源插座内部。

3、水也是导电的。

电器用品不要沾上水，所以不能用湿手触摸电器，不能用湿布擦拭电器。如：电器开着时，不可用湿毛巾擦，防止水滴进入机壳内造成短路。湿着手时，也不要插插头，这样容易触电。

4、周围有人触电时，要设法立即关断电源。

不要用手去接触触电者，应呼叫成年人来帮忙，不要自己处理，以防触电。木头、橡胶、塑料不导电，叫绝缘体，用这些工具可以直接接触电源，不会引起触电，可以用干燥的木棍等东西将触电者与带电的电器分开。

5、知道如何使用电源总开关。

了解如何在紧急情况下断开总电源。

6、电器使用完后，应拔掉电源插头。

插拔电源插头时不要拽电线。

7、不可自行拆卸、安装电源线路、插座、插头等。

哪怕安装灯泡等简单的事情，也应当先关断电源，并在父母的指导下进行。

8、看到脱落的电线时，一定要躲得远远的。

对于裸露的线头，一定要远离，更不能用手碰。

9、下雨天防雷电。

在雷雨天气时，要关掉电视、音响，拔掉电源插头。

伏特发明电池的故事

　　有一天，伏特看到了一位解剖学家的论文，说动物肌肉里储存着电，可以用金属接触肌肉把电引出来。看了这篇论文后，伏特兴奋地决定亲自来做这个实验。他反复实验后发现，实际情况并不像论文所说的那样，而是两种不同的金属接触产生了电流，才使肌肉充电而收缩。

为了证明自己的结论，伏特决定更深入地研究电的来源。

一天，他拿出一块锡片和一枚银币，把它们放在自己的舌头上，然后叫助手用金属导线把它们连接起来。一瞬间，他感到嘴巴里一股酸味儿。接着，他将银币和锡片调换了位置，当助手将金属导线接通时，伏特感到的是咸味。

这些实验证明，两种金属在一定的条件下能够产生电流。伏特想，要是能把这种电流引出来，那么一定会发挥很大的作用。

1799年，伏特按照自己的想法，把几个盛有酸的杯子排在一起，然后分别往每个杯子中装入一块锌片和一块铜片，并将前一个杯子中的铜片和后一个杯子中的锌片用导线连接。最后，两端用导线接出来。伏特用手指捏住两端的导线，手指和身上都有种麻酥酥的感觉，这表明这种装置产生了很大的电压。

伏特经过反复实验，终于发明出在铜板和锌板中间夹上卡纸和用盐水浸过的布片，一层一层堆起来的蓄电池。这就是被后人称作"伏特电堆"的电池。

你会制造电吗？

电在电线里流动，能点亮电灯；打开其他家用电器，电在电线外也能流动。不管在电线内还是电线外，电的性质是不会改变的。让我们通过一个实验来了解电的性质吧。

请准备下列物品：

| 塑料圆珠笔2支 | 线 | 抹布 |

一起来动手：

1. 把线缠在圆珠笔中央，使圆珠笔可以悬挂在空中。

2. 用抹布多次擦拭另一只圆珠笔。

3. 用抹布再擦拭几下拴有线的圆珠笔，然后将圆珠笔提起来。

4. 将另一只圆珠笔靠近这支悬空的圆珠笔。

1 把线缠在圆珠笔中央，使圆珠笔可以悬挂在空中。

2 用抹布多次擦拭另一只圆珠笔。

3 用抹布再擦拭几下拴有线的圆珠笔，然后将圆珠笔提起来。

4 将另一只圆珠笔靠近这支悬空的圆珠笔。

实验结果：

当两支圆珠笔接近时，悬空的圆珠笔开始旋转，即使两支笔没有任何接触，也会互相产生推力。

 为什么会这样？

用抹布擦拭圆珠笔后，圆珠笔上会产生负电，抹布上则产生正电。由于电具有同性相斥、异性相吸的特点，所以当两支都带有负电的圆珠笔相遇时，就会发生排斥现象。

瓦特讲能量

詹姆斯·瓦特

（1736—1819）

　　瓦特出生在英国。他是最早发明了蒸汽机并获得专利的工程师。蒸汽机使各种机器能够运转得更快更好，并因此带动了工业的进步，引发了英国和周边国家的工业革命。

　　瓦特还发明了测量力的方法，他的一生都致力于机械发明。

詹姆斯·瓦特

人的一颦一笑，一举一动，一言一行都需要能量。

学习、跳跃的时候也需要能量。

树木生长、海面波涛起伏也需要能量。

像上面所说的，所有的运动都需要能量。

我们生活在一个充满了能量的世界。

能量发挥着非常重要的作用。

下面，让我们和瓦特一起来探索能量的秘密吧。

小朋友们好，我是瓦特。

很高兴认识你们。我来给你们讲讲能量的故事。

你问我能量是什么？

能量就是人们工作时所需要的力量。

用脚踢球的时候需要力量，睡觉的时候也需要力量。

当然，看这本书的时候也需要力量。

这种力量就是能量。

电脑启动，汽车行驶，也都是因为有能量。

人们行走时需要能量。

机器运转时也需要能量。

没有能量，所有的运动都会停下来。

　　也就是说，让温度变化，让物体移动、发出声音、改变形状的时候都需要能量。

　　我们来寻找一下周围能让物体移动的能量吧！

　　风、电、汽油都是典型的能让物体移动的能量。

　　风使帆船和风筝能够前进和飘舞。

　　电使电动车和风扇能够前行和转动。

　　汽油使汽车能够开起来。

能够使温度发生变化的能量有煤气和天然气。

我们用煤气或者天然气可以把水烧开。

我们还利用这些能量煮饭、取暖。

锅炉

煤气

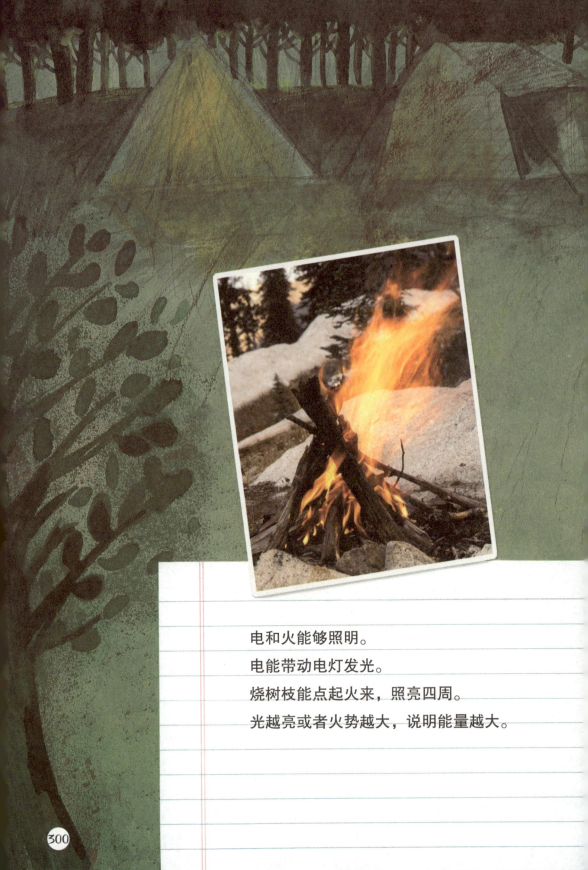

电和火能够照明。

电能带动电灯发光。

烧树枝能点起火来，照亮四周。

光越亮或者火势越大，说明能量越大。

　　我们如何获得日常活动所需要的能量呢？

　　我们生活和工作中所需要的能量主要通过饮食来获得。

　　我们的身体通过摄取谷物、水果、蔬菜、肉类等食品，然后消化它们来产生能量。我们将饮食获得的身体所需要的养分，通过血液的流动供给到全身。

　　肚子饿了吃东西，就相当于给身体补充能量。

动物也要吃东西补充能量。

在觅食相对艰难的冬季，有的动物干脆冬眠。

冬眠是为了将能量消耗降至最低，尽量保存体内的能量。

这些动物在冬眠之前会大量进食，将能量储存在体内。

即使是冬眠的时候，也是需要一定能量的。

305

植物跟人和动物一样，也需要能量。

植物生长所需要的能量一般来自太阳。

植物利用太阳的能量制造养分。

从太阳那里获取能量

太阳能是我们人类不能缺少的能量。太阳点亮了整个世界，也带给我们温暖。其他所有能源也都来源于太阳能。太阳使空气流动形成风，使海水蒸发，形成天然水循环，还帮助植物生长。

太阳散发出巨大的热能和光能。

太阳能是地球上最大的能量来源。

我们也需要来自太阳的能量。

草接收太阳的能量生长，牛通过吃草获得能量产出牛奶，我们喝着牛奶成长。

能够提供能量或者制造能量的资源，我们称之为能源。

有的能源是不可再生的，会越用越少，比如天然气、石油、煤炭、树木。

有的能源可以再生，能够源源不断地供我们使用，比如风、水、阳光。

现在我们主要使用的能量是电力。电力是通过燃烧石油或者煤炭获取的。

煤炭和石油是许多年前的动植物埋藏在地底堆积而形成的。

电力不会造成污染，使用起来也很方便。

电力也可以通过水力或核能转换而来。

核能发电是将核裂变过程中所释放的能量，通过发电机转换为电力的发电方式。

　　火力发电是利用煤、石油、天然气等燃料燃烧所产生的能量，通过发电机转换成电力的一种发电方式。

　　水力发电是将水从高处流向低处所产生的能量，通过发电机转换成电力的一种发电方式。

利用垃圾制造能量

魔法师，地球的能源都快用完了，这可怎么办啊？

❶

农作物渣滓或垃圾腐烂发酵后产生的沼气不但可以用来取暖，还能发电。

玉米中可以提炼出和汽油相似的油。

❷

　　发电站产生的电力通过专门的渠道传送到千家万户，然后转换成其他能量。

　　我们用电熨衣服、吹头发，就是把电力转化为热能的过程。

打开收音机或电视的时候，能听到声音，这是电
能转化成了声能。

　　玩具装上电池后会移动，是电能转化成了动能。

　　就这样，电能转化成其他形式的能量，可以做很
多事情。

现在，你知道能源在我们日常生活中是多么重要了吧？

但是，随着能源日益减少，能源危机已成为了一个热门话题。

没有了能源，地球上所有的物种都会消失。

所以，近年来有很多人在呼吁节约能源。

节约能源有哪些方法呢？

不要在冰箱里塞太多东西，不要经常开关冰箱门。

看电视的时候不要不停地换台，也不要把声音开得太大。

电器不用的时候就关上电源。

水龙头要关紧。

怎么样？节约能源其实很简单吧！只要我们每个人在生活中稍加留意，节约能源并不难哦！

知识加油站

我们需要新能源

煤和石油在使用的过程中会产生污染环境的物质，而且这些资源也是有限的。核能可以使用很长时间，但是制造过程中也会产生威胁环境的物质。太阳能可以长久使用，不会产生破坏性物质，但阴天时无法使用，有一定的局限性。所以，我们应该努力寻找清洁、可持续使用，又能产生巨大的能量的新能源。

笑能产生能量

人类通过食物来摄取能量。吃了饭才有力气运动、学习。据说，笑也能产生能量，笑得越痛快，产生的能量越大。

胜利前的大笑

美国著名田径选手卡尔·路易斯曾经多次打破世界纪录，获得过九枚奥运会金牌，被称为"活着的传奇"。卡尔·路易斯在百米赛跑跑到80米左右的时候会开始痛快大笑。专门研究卡尔·路易斯的运动能力的专家认为，他大笑时所产生的能量帮助他取得了胜利，打破了世界纪录。

用微笑治疗疾病

近年来，医学界有很多通过笑来治疗疾病的尝试，甚至出现了专门的微笑治疗师。笑得越多的病人越容易战胜病魔。虽然我们无法知晓笑产生的能量是如何战胜疾病的，但是有越来越多的人通过微笑战胜了疾病。

适当的能量最好

　　吃糖或者巧克力可以一次性摄入大量能量，但是如果这些能量没有被身体及时消耗掉，就会变成脂肪。如果我们平时吃得太少，就会没有足够的力气生存。所以我们应该适量饮食，适当运动。

不同年龄需要能量的多少不同

　　能量的单位是卡路里，婴儿每天需要的能量约为1100卡路里，儿童需要2000卡路里。等到长成青少年时，女孩子每天需要2500卡路里，男孩子需要3000卡路里。成年女性每天需要2200卡路里的能量，男性需要3000卡路里。

随着身体慢慢长大，人们需要的能量也不断增加。

每个人的饭量不同

基础代谢指的是维持一个人的体温、呼吸、心跳、肌肉力量所需要的最小能量。有的人即使吃一点点也会很快长胖，有的人虽然食量惊人但就是不长肉。这是因为这两种人的基础代谢不同。一般来说，肌肉多的人基础代谢大，所以吃得很多也不会长胖。

持续运动可以提高基础代谢。

能量在持续变化

　　我们在书前面的部分接触到了有关能量的种类和特性。人类具有储存能量，并将其变成需要的形态来使用的本领。能量一直以不同的形态存在于我们的身边。

能量在工作

　　我们每时每刻都在使用能量。能量可以用来移动物体、照明、改变温度、发出声音、改变物体的形状。发生以上变化的时候，我们就可以知道这个物体具有能量。将物体从高处扔下落到地上时会发出很大的声音，物体位置越高，发出的声音越大，因此我们可以知道位置越高，能量越大。同样是水，热水和冷水的能量也不同。除此之外，也可以通过物体形状变化的程度等因素来了解能量的大小。

　　热水比冷水的应用更广泛，比如加热食物、融化物体等。这是因为热水比冷水具有更多的能量。

能量相互转化

进食时通过食物获得的化学能可以储藏在体内。滑滑梯时爬到滑梯顶端，食物的化学能会转化为动能，动能又转换成重力势能。从滑梯顶端滑到底端时，重力势能又转化成了动能。如上所述，能量的形态会不断变化，但是总量不会变多也不会变少。能量在转化的过程中保持恒定不变。

温室将太阳的光能或者石油的化学能转化成热能。

直升飞机将汽油的化学能转化为动能。

小时候的瓦特

瓦特和蒸汽机

瓦特出生在英国的格林诺克镇，这里的人们都是靠生火来烧水做饭。生火做饭本是生活中最平常不过的事情了，可细心的瓦特却从这里发现了大秘密哦！

有一次，瓦特的奶奶在厨房里做饭，他就在旁边看着。炉灶上有一壶开水。水开了，一直在沸腾，壶盖啪啪地响着，还不停地往上跳。瓦特观察了好半天也想不明白，感到很奇怪，就问奶奶说："什么东西让壶盖一直跳呢？"

奶奶回答说："水开了都是这样啊。"

瓦特还是不理解，继续问道："为什么水开了，壶盖就一直跳呢？难道有什么东西在向上推它不成？"

奶奶一直忙着做饭，根本没有心思和他解释，就敷衍他说："我也不知道。小孩子家家的，哪来这么多为什么！"

瓦特从奶奶这没有找到答案，还被奶奶批评，心里很不高兴，可他并没有停止思考。

连着好几天，每次奶奶做饭时，他都蹲在火炉旁边细心地观察着。最开始的时候，壶盖很安稳，隔了一会儿，水要开了，发出嗡嗡的响声。突然间，壶里的水蒸气冒出来，推着壶盖跳了一下。蒸汽不断地往上冒，壶盖也不停地跳动着，好像里边藏了个人在一下一下地推着壶盖！

瓦特高兴地叫出声来，他把壶盖揭开又盖上，盖上又揭开。他还把杯子、勺子都放在水蒸气喷出的地方，不停地实验。瓦特这时候恍然大悟，原来是水蒸气在推着壶盖跳动，水蒸气的力量可真大啊！

从小时候开始，瓦特就善于观察生活中平凡的事物，并且对科学产生了浓厚的兴趣。水蒸气推动壶盖跳动的物理现象，就是瓦特发明蒸汽机的灵感啊！

倔强的性格

瓦特从小性格就很倔强。他和别的孩子一样都喜欢玩玩具，但是与其他小朋友不同的是，他一定要把到手的玩具拆开，卸下零件来看个究竟，弄个明白，然后再按照原来的模样安装好。

瓦特的父亲是一个穷苦的木匠，母亲负担家务，整个家庭充满着痛苦和忧愁。童年的瓦特身体虚弱，经常生病，因此失去了进学校读书的机会。时间长了，孩子们也都不喜欢他，常常半真半假地说他是"懒孩子"、"病秧子"。瓦特听了很不高兴，但是他自尊心很强。他立志要好好读书和学习。在他的强烈要求下，父母只好答应了。不管春夏秋冬，不管怎样辛苦劳累，都要抽空教他读书写字，有时还教他学些算术。学的知识虽然不多，但他都能牢牢掌握，有时还能举一反三。在他六七岁时，发生过这样一件事：有一天，一位客人来看望他父亲。客人看见瓦特正拿着一支粉笔在地板上、火炉上，画些圆圈和直线。客人便关切地对他父亲说："你为什么不把孩子送到学校去呢？在家里乱画，这不是白白浪费时光吗？"父亲

马上哈哈大笑起来："先生，你仔细看看，我的孩子在画什么？"客人走过去，细心地瞧了一阵子，便恍然大悟："啊，原来是这样。这孩子画的是圆形和方形的平面图啊！这不是浪费，是在演算一个几何问题。绝对不是浪费。"说完后，他赞许地拍拍瓦特的肩膀。

哪边的能量更大？

能量分很多种，能量大小不同，能做的事情也不同。能量越大就越明亮、越温暖、声音更大。我们来试着将物体从不同的高度扔下去，来观察能量的差异。

请准备下列物品：

铃鼓　　　　　　　　　　皮球

一起来动手：

1.单膝跪在地上，将铃鼓放在面前，一只手抓球。

2.松开抓球的手，让球掉到铃鼓上。

3.双腿分开站在地上，将铃鼓放在面前，一只手抓球。

4.将抓球的手松开，让球掉到铃鼓上。

1 单膝跪在地上，将铃鼓放在面前，一只手抓球。

2 松开抓球的手，让球掉到铃鼓上。

3 双腿分开站在地上，将铃鼓放在面前，一只手抓球。

4 将抓球的手松开，让球掉到铃鼓上。

实验结果：

单膝跪地和双腿直立扔球时，铃鼓发出的声音大小不同。双腿直立站起来扔球时，铃鼓发出的声音更大。

 为什么会这样？

从上往下掉的物体拥有重力势能，位置越高的物体拥有的重力势能越大。直立时小球具有的重力势能比单膝跪地时大，因此铃鼓的声音更大。

图画
科学馆

今天我读了……

·推·荐·阅·读·

小学生实用成长小说系列

　　《小学生实用成长小说》系列旨在让小朋友养成爱学习、爱读书、善计划、懂节约的好习惯。每个孩子都具有自我成长的潜能，爱孩子就给他们自我成长的机会吧！让有趣的故事陪伴孩子一路思考，在欢笑中成长！

长大不容易——小鬼历险记系列

 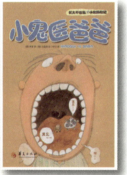

　　《长大不容易——小鬼历险记》系列讲述了淘气鬼闹闹从猫头鹰王国得到魔法斗篷，历尽千难万险，医治爸爸和拯救妈妈的故事。故事情节惊险刺激、引人入胜，能让小朋友充分拓展想象力，同时学到很多关于人体的知识。

小学生百科全书系列

　　《小学生百科全书》一套共有五册，分别为数学，美术、音乐、体育，科学，文化，世界史。内容生动活泼、丰富多样，并配有彩色插图，通俗易通，让小学生在阅读的过程中，既能吸收丰富的各类知识，又能得到无限的乐趣。